新手養成 ★ 從零開始

倉鼠的 飲食&營養指南

監修
山口俊介
山口樹美

醫療監修
中西比呂子
YUZU動物醫院小動物專責醫師

楓 葉 社

前言

　　大家好，我們是最喜歡倉鼠的夫婦山口俊介＆樹美。

　　我們家是由許多小小家庭組成的大家庭，包括4隻倉鼠、20隻蜜袋鼯、1隻熊貓鼠，大家一起過著健康平靜的生活。

　　在我透過部落格記錄這些小家庭的成長經歷時，收到電視節目製作單位聯繫，於2018年10月參加TBS電視台《マツコの知らない世界》（松子不知道的世界，暫譯）的「松子不知道的倉鼠世界」一集。並於2019年11月22日的「恩愛夫婦日」，以深愛倉鼠的夫婦身分參加了日本電視台的《ヒルナンデス》（已經是午間了，暫譯）。丈夫俊介也在《99人の壁》（99人之牆，暫譯）中，以專業領域「倉鼠之牆」的身分參與了大約一年的時間。

　　這些經驗也承蒙某間動物相關企業的厚愛，夫婦倆得以擔任該企業的商品開發顧問。

　　這一切，都是由「倉鼠」為我們牽起的美好緣分。

　　看著鼠寶那惹人憐愛的模樣，自然會浮現「既然和鼠寶有緣成為一家人，就希望能夠一起度過更長的光陰」這樣的念頭。但是到底該怎麼做才好呢……？

　　能夠透過電視節目向大眾傳播倉鼠的魅力，對我們夫婦來

說是棒得不得了的人生機緣。但是除了魅力之外，如何守護鼠寶健康也很重要。因此我們於2019年6月透過出版社出版了《倉鼠完全照護手冊：小動物獸醫師專業監修！》（中文版由台灣東販出版，2020年），獲得了熱烈的迴響。

　　沒想到有這麼多人關注鼠寶的傷病相關問題，讓我們驚訝不已，也打從心底感到開心。

　　這也讓我們不禁思考，為了盡量減少鼠寶們生病的風險，我們還有哪些事情可以做的呢？

　　經過一番深思熟慮，我們找到的答案是飲食。

　　生存最重要的要素之一就是「飲食」，人類如此，動物亦不例外。

　　我們該讓倉鼠吃些什麼，才能夠盡力延長牠們的壽命呢？倉鼠生病之後，該如何調整牠們的飲食呢？年紀大了的老倉鼠適合吃什麼呢？平常覺得鼠寶會喜歡吃的食物，實際上會不會對牠們有害呢……。追根究柢，究竟倉鼠適合吃些什麼食物呢？

　　我們透過部落格收到許多與倉鼠有關的諮詢，數量僅次於「疾病」的就是「飲食」。所以

我們決定推出系列第2彈，進一步深入探討倉鼠的「飲食」，希望能夠多少解決各位對倉鼠飲食的疑問。

倉鼠的生命非常短暫，但是只要盡一切在家中能做的事，就能夠賦予牠們平穩又幸福的一生。而飲食就是最能夠為生活增色的環節。

本書將介紹許多飲食相關的重要資訊，肯定能夠為鼠寶們的生活帶來助益。此外，也將飼主們提出的許多詢問與現實煩惱，彙整成Ｑ＆Ａ專欄統一解答，希望這部分也能對各位讀者有所幫助。

倉鼠只能活在我們所提供的環境裡，也就是說，鼠寶的幸福完全仰賴我們飼主本身。

希望各位能夠為鼠寶提供有益身體的飲食，維護鼠寶的健康，為牠們打造更加豐富優質的生活。

前言 … 2

鼠寶寫真集 … 8

‖ 第 1 章 ‖ 倉鼠的飲食基本 … 15

應先了解的營養知識 … 16

　營養與營養素 … 16

　營養素的大分類 … 17

　醣質的功能 … 18

　蛋白質的功能 … 19

　脂質的功能 … 19

　維生素的功能 … 20

　礦物質的功能 … 20

　膳食纖維的功能 … 21

　水的功能 … 22

　營養素是毒也是藥 … 22

倉鼠需要的營養攝取量 … 23

倉鼠都吃什麼？ … 24

餵食時機與餵食量 … 26

飼料與蔬菜的最適比例 … 27

建議餵食的蔬菜種類 … 28

飼料選購法 … 30

成分表解讀法 … 32

飼料存放法 … 33

倉鼠適合喝的飲品 … 34

倉鼠可以喝果汁或牛奶嗎？ … 35

零食可以餵多少？ … 36

倉鼠不可以吃的食物有哪些？ … 38

餵食水果的注意事項 … 40

特別留意觀葉植物！ … 42

零食餵食法 … 43

不小心吃到危險食物的時候 … 45

倉鼠的過敏食物 … 46

　　倉鼠的飲食基本 總結 … 47

‖ 第2章 ‖ 倉鼠年老與生病時的飲食 … 49

倉鼠年紀大了會發生什麼變化？ … 50

高齡倉鼠飲食注意事項 … 51

倉鼠的照護飲食 … 52

關於保健食品 … 54

世上沒有正確答案 … 55

‖ 第3章 ‖ 藉由飲食預防倉鼠生病 … 57

養成每天健康檢查的習慣 … 58

肥胖的飲食注意事項 … 60

留意牙齒健康才能吃得美味 … 62

咬合不正，使倉鼠想吃也吃不了！ … 63

易融化的食物可能引發頰囊外翻或頰囊瘤 … 64

高蛋白質飲食會導致糖尿病！ … 65

食慾不振或體重減輕可能是脂肪肝、肝硬化！ … 66

大量餵水以預防膀胱炎 … 67

過度餵食水果可能導致腹瀉或軟便 … 68

飲食以外的腹瀉原因 … 69

嚴重腹瀉可能造成直腸脫垂 … 70

留意誤食以避免腸阻塞 … 71

高鹽飲食可能造成心臟病 … 72

過度攝取鈣質與草酸可能造成結石 … 73

不當飲食會引發各式皮膚炎 … 74

留意疾病徵兆 … 75

注意溫度與溼度的管理 … 76

可藉飲食預防的倉鼠疾病一覽 … 78

‖ 第4章 ‖ 倉鼠飲食的Ｑ＆Ａ … 81

不肯進食篇 … 82　　　營養篇 … 85

餵食篇 … 87　　肥胖或過瘦篇 … 90

健康篇 … 92　　令人擔心的食物篇 … 94

其他疑問篇 … 96

‖ 資料篇 ‖ … 101

倉鼠絕對不可以吃的食物 … 101

飼主判斷可餵食極少量的食物 … 106

蔬菜基準營養成分表 … 108

後記 … 109

鼠友家的萌萌鼠寶寫真▶Part 1 … 12

鼠友家的萌萌鼠寶寫真▶Part 2 … 98

comic 我家的倉鼠日常

好萌～！（食物篇）… 14　　隱身術！… 48　　祕密零食 … 56

迷你生活 … 80　　好萌～！（親親篇）… 100

最愛小松菜了 ♥

進食中的鼠寶

身體小幅度地動個不停，表情卻好像在放空的超可愛鼠寶。
牠們專注用餐的模樣讓人不禁露出微笑，對飼主來說是至高無上的療癒。

啊姆啊姆

好好吃♥

給我啦

喀啦喀啦喀啦

我最喜歡狹窄
的地方了！

令人怦然心動的鼠寶

搗蛋時被發現的眼神就像兒童般純真。
水潤的眼珠就像訴說著什麼。
倉鼠能夠藉由豐富的表情，傳遞出自己的心情。

我們是好朋友♥

水汪汪～

發呆

鼠友家的
萌萌鼠寶寫真

Part 1

我們透過部落格認識了許多鼠友，這裡要從大家傳來的照片，挑出各位鼠寶最可愛的一面。

我停不下來！
我也不想停！

甜甜的好好吃！
我最喜歡水果了！

enjoy!

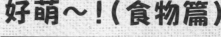

好萌～！（食物篇）

我家的倉鼠日常 **1**

CHIRO

三線鼠
（雪白色）

14

第1章

倉鼠的
飲食基本

如同「醫食同源」這句成語的字面所述，希望珍視的鼠寶
不要生病時，最重要的就是飲食！
本章將詳細介紹餵食倉鼠時的注意事項、建議的食物，以
及禁止餵食的食物。

應先了解的營養知識
認識7大營養素

　　人類與倉鼠的營養基本上是共通的，所以在說明倉鼠飲食之前，一起簡單複習一下營養與營養素吧。

✦ 營養與營養素
　　營養與營養素乍看相同，實際上有些許差異，所以這邊稍微說明一下兩者差別。

　　營養素是組成身體、肌肉、脂肪與骨骼等組織的要素，所以我們必須攝取食物中的營養素才能夠成長並存活。

　　營養是身體攝取體外的食物後，將其中的物質消化、吸收至體內，再透過代謝轉換成動物特有成分（新陳代謝）的過程。

何謂營養……

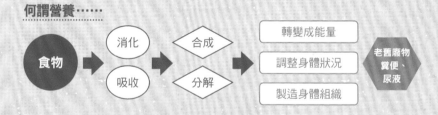

　　身體吸收食物中的營養素後，會產生下列作用：

❶轉變成能量
❷調整身體狀況
❸製造身體組織（肌肉、血液、骨骼等）

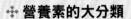

❖ 營養素的大分類

醣質、蛋白質與脂質並稱為三大營養素。1840年之前普遍認為人類與動物生存所必需營養素只有這3種，經過後續研究才了解光是這些是遠遠不足的，尤其幼齡期動物更是需要其他重要的營養素才能夠成長。

1850年代發現了礦物質的存在，後來又於1900年後發現維生素，此後3大營養素便與礦物質、維生素並稱5大營養素。

近來多半會與膳食纖維、植物化學成分一起稱為7大營養素。植物化學成分是抗氧化物質之一，能夠保護身體不受造成疾病與老化的活性氧侵襲，並且有助於提高免疫力。很多蔬果都含有植物化學成分，而近來經常聽到的多酚（polyphenol）與類胡蘿蔔素（carotenoid），就屬於植物化學成分的一員。

植物化學成分的功能尚有許多未解明的部分，

專家們對於其是否該列入7大營養素這一點仍議論不休，因此本書在介紹7大營養素時將以水代替植物化學成分。雖然水不屬於營養素，卻是生存不可欠缺的物質，對倉鼠來說同樣非常重要，所以必須認識正確的餵水方式才行。

✣ 醣質的功能

醣質一般是指纖維素以外的碳水化合物，富含於穀類與根莖類。分解後可作為身體與腦部運作所需的能量來源，或者以肝醣（glycogen，又稱糖原）的形式儲存在肝臟與肌肉。若攝入過多，多餘的醣質將轉化為中性脂肪，成為真正囤積在體內的脂肪。但若醣質不足，會導致肌肉量下降、疲倦和注意力不集中。

❖ 蛋白質的功能

蛋白質是構成人類和動物身體的主要成分，包括皮膚、頭髮、指甲、肌肉和臟器等各種組織，也是體內分泌的荷爾蒙、酶（酵素）和抗體等免疫分子。蛋白質存在於肉類、魚、蛋、大豆（大豆製品）和乳製品。攝取蛋白質後，會轉變為胺基酸被吸收。在多達20種的胺基酸中，有9種稱為必需胺基酸，是無法在體內自行合成，必須藉由飲食中攝取補充。但請特別留意，有些食物不能讓倉鼠食用，例如魚肉、生肉和生蛋等。

❖ 脂質的功能

脂質是效率極佳的能量來源，少量攝取即可獲得許多能量，是構成細胞膜、顱內神經組織和荷爾蒙的重要營養素。脂質存在於油、奶油和堅果中，若攝取過多會造成肥胖，但過少則會導致皮膚乾燥，可能還會阻礙兒童的正常發育。但這類食材由於容易造成倉鼠肥胖，因此沒有餵食的必要。

❖ 維生素的功能

維生素是整頓身體狀況，並維持身體正常運作時不可或缺的營養素，能幫助身體吸收其他營養素，維持皮膚、黏膜和骨骼等的健康，且有助於促進新陳代  謝。大多數的維生素都無法在體內自行合成，必須從食物中攝取。維生素分成可溶於水的水溶性維生素（維生素B群、C、葉酸、維生素B_3等）與可溶於油的脂溶性維生素（維生素A、D、E和K）。多餘的水溶性維生素會透過尿液排出體外，但多餘的脂溶性維生素會積蓄在肝臟。生的蔬菜等含有大量維生素，但是倉鼠不可食用的蔬菜很多，請特別留意（請參照P. 101～）。

❖ 礦物質的功能

礦物質也稱作無機鹽，種類眾多，其中鉀、鈣、鐵、鋅、鈉、鎂、磷、硫、氯、鈷、硒、銅、鉻、錳、鉬和碘等16種礦物質為必需營養素，缺乏這些礦物質會引起身體的各種問題。舉例來說，眾所周知，缺鐵會導致貧血，缺鈣會導致骨質疏鬆症。而攝取過多的鈉會引發高血壓，過多的鋅則會導致食慾不振，因此攝取的重點是維持均衡。雖然牛奶、乳製品和海藻都含有大量的必需礦物質，但

不應該餵食給倉鼠。

❖ 膳食纖維的功能

　　碳水化合物被身體消化之後，會分成醣質與膳食纖維。人類與倉鼠等許多動物都無法消化膳食纖維，只能將其轉變成糞便排出，因此以前曾將膳食纖維視為無用之物。

　　但是現在已經確認膳食纖維有助於通腸以防止便祕、改善腸內環境，且可吸附脂質、醣質、鈉等以將其排出體外等，能夠對身體產生有益的作用。

　　膳食纖維分成不可溶於水的非水溶性膳食纖維，以及溶於水的水溶性膳食纖維。非水溶性膳食纖維富含於菇類、蔬菜與水果等，水溶性膳食纖維則富含於昆布、裙帶菜、水果與麥等，但是請勿將菇類與海藻類等食物餵食給倉鼠。此外也有許多蔬果對倉鼠有害，所以請特別留意（參照P.101～）。

❖ 水的功能

水是維持生命所不可或缺的物質，且具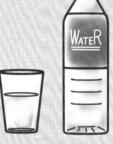
備下列的作用。

- 作為溶媒溶解物質後，將溶解過的物質移
  到體內
- 水是體內消化、分解等許多化學反應的必備物質
- 可藉汗水等調節體溫（但是倉鼠不會流汗）

❖ 營養素是毒也是藥

營養素按照攝取量可以是毒，也可以是藥。生物體必須透過
適度的營養攝取維持健康，過度與不足都不行。因此想要正確飼
養動物，就必須了解各種食物的營養素含量，以及動物所需要的
量，並且提供均衡且適當的餵食量。

此外許多對人類無害的食物，對倉鼠卻是致命的，這部分會
在後面詳細解說，請各位謹慎留意。

倉鼠需要的營養攝取量

有參考基準，但是實際依個體而異

　　透過飲食均衡攝取醣質、蛋白質、脂質、維生素、礦物質、膳食纖維，並搭配確實飲水是活得健康的重要守則。

　　那麼該餵食鼠寶多少，才會符合必要的營養素呢？事實上合適的營養素與熱量比例，必須依個體的基礎代謝與活動代謝計算，無法簡單概括成「這個吃這些量就好」。

　　但是目前研究認為所有倉鼠都有共同的參考基準，那就是蛋白質要占餵食總量的15～20%，脂質則為4～5%，所以請務必記下這些數值。

　　適當的營養素比例不僅依倉鼠種類而異，其他會影響的因素還包括幼鼠、成鼠、高齡鼠等年齡層、生病與否、繁殖期、孕期與哺乳期等。

　　幸好，只要挑選含15～20%蛋白質與4～5%脂質的飼料，再藉由適當的蔬菜補充維生素與礦物質就相當充足了，不必太過神經質無妨。

　　再來就是每天檢查鼠寶的身體狀態，確認是否有精神等，覺得有些太胖等狀況時建議諮詢獸醫。

倉鼠都吃什麼？

以飼料＋蔬菜為基本

　　倉鼠屬於雜食性動物，不管什麼食物都吃。基本上飼養倉鼠時，只要以含有倉鼠必需營養素的倉鼠專用飼料為主菜就沒問題了。但是有些維生素與礦物質無法光憑飼料補足，所以請搭配小松菜、胡蘿蔔與高麗菜等蔬菜，其中葉菜類一天只要給與1～2片即可。煮熟的飯或義大利麵等含有許多能量的來源——醣質，但是仍應避免餵食，才不會讓食物黏在頰囊並在裡面腐敗。基本的營養素只要靠飼料就相當足夠。

　　蔬菜中富含的膳食纖維具有整腸效果，還能夠吸附脂質、醣質與鈉等一起排出體外，有助於預防肥胖與鹽分攝取過多。倉鼠的消化系統較弱，因此從改善腸內環境與整腸角度來看，膳食纖維同樣是不可或缺的。

　　但是有許多蔬菜會危害倉鼠的身體，這方面後面還會詳述，總而言之請多加留意。

　　長期餵食相同的蔬菜會造成營養素攝取不均，因此建議每天給與不同的種類。

　　倉鼠非常喜歡葵花籽等種子類、胡桃等堅果類、小魚乾和起司等動物性蛋白質，但是這些食物會造成肥胖，所以請當成點心餵食少量即可。

　　倉鼠的食慾旺盛，什麼都會吃進肚子裡。所以飼主必須謹慎留意鼠寶會接觸到的食物，避免吃下對身體有害的東西。

有吃剩的食物時則應儘早清除，避免倉鼠吃進腐壞的食物。
此外倉鼠有把食物儲藏在特定場所的習性，所以打掃時發現小屋
或籠子的角落藏有食物時請立刻清除。

主菜　　　　　　副菜

飼料　　　　　　蔬菜

該準備什麼樣的飼料容器才好呢？

擺放飼料的容器建議選擇寬口的淺盤，以方便倉鼠進
食。但是倉鼠可能會打翻盤子，所以最好選擇較重的陶瓷類。

至於副菜，也就是蔬菜的容器則請另外準備，這部分使
用一般家用小盤子即可。

餵食時機與餵食量

1天1餐，餵食體重的8～10%

　　餵食倉鼠的時段為傍晚至夜晚，1天1次。

　　倉鼠有將多餘食物儲存在頰囊的習性，所以先餵食飼料後必須確認徹底吃完，再餵食其他食物。

　　蔬果容易壞掉，所以有剩食的時候請仔細清理或是換上新的（高麗菜不容易壞，所以可以放1天左右），否則倉鼠吃到腐壞的食物可能會腹瀉或是生病。

　　當然也可以餵食不容易壞的乾燥蔬菜，但是生鮮蔬菜還有補充水分的功能，所以不妨以乾燥蔬菜代替零食。

　　此外也請餵食新鮮的飲用水。飲水器應每天換新水，同時也要檢查出水口是否有雜質堵塞或是發霉。

餵食多少
才適當？

黃金鼠	三線鼠、一線鼠	老公公鼠
10～15 g	5 g	3 g

飼料與蔬菜的最適比例
牢記60：40的原則

　　養在家中的倉鼠運動量比野生倉鼠少，只吃飼料的話營養素會超出需求，所以建議搭配蔬菜加以調整。

　　那麼飼料跟蔬菜的比例多少才恰當呢？理想的比例是飼料：蔬菜類＝60：40，但是倉鼠有肥胖傾向時可先以40：60試試看。

　　市售飼料營養價值高且比例均衡，只是膳食纖維不足，所以單吃飼料可能會造成肥胖。

　　在營養素的部分也有提到，膳食纖維具有整腸效果，不僅能夠幫助排便順暢，還可以將多餘的脂質與鈉帶出體外。所以請餵食蔬菜以彌補膳食纖維，為鼠寶打造良好的腸內環境吧。

60 : 40

飼料
(12〜15g)

蔬菜
(8〜10g)

150g

以體重150 g的黃金鼠為例，
適當的飼料餵食量為體重的8〜10%，所以是150 g × 8〜10%＝12〜15 g，
而適當的飼料與蔬菜比例為60：40，
因此應餵食的蔬菜量為12 g × 40／60〜15 g × 40／60＝8〜10 g。

建議餵食的蔬菜種類
有些可以餵，有些絕對不可以！

　　對倉鼠無害也合他們胃口的蔬菜包括青江菜、小松菜、南瓜、胡蘿蔔、白蘿蔔葉、番薯、青花菜、芽類蔬菜等。絕對不可以餵食的則有蔥類、酪梨與蘆筍，這些蔬果可能會引發嘔吐或腹瀉（詳情請參照P.101～）。

　　過多的蔬菜會造成水分、礦物質與維生素的過度攝取，對倉鼠同樣不好。由於適當的比例是飼料：蔬菜＝60：40，所以連同零食在內，請將蔬菜控制在總食量的50%以內。

　　此外也可以每週餵食一次冷凍綜合蔬菜，但是請選擇不含洋蔥的商品。

　　總是餵食相同蔬菜時營養會攝取不均，倉鼠有時也會因為吃膩而不願再吃，因此請盡量少量多樣。

不可以隨時擺著食物或任意加菜嗎？

　　餵食倉鼠時應維持固定的量。有些飼主看見自家孩子迅速吃光就會加菜，或是隨時擺著食物方便鼠寶隨時能夠吃到，然而這麼做會搞不清楚總共餵了多少。

　　結果可能造成鼠寶過度攝取特定的營養素而變胖，此外食物一直擺著可能會腐敗造成鼠寶吃壞肚子、腹瀉等。

　　倉鼠的建議餵食量如P.26所述，這時請盡量從主菜開始餵，並控制在鼠寶剛好可以吃飽的程度。

飼料選購法
每天都要吃，當然要選對身體好的

　　倉鼠的主食——飼料有各式各樣的尺寸與形狀，還有混合多種飼料的綜合款，讓人不知道該怎麼選擇才好。飼養的倉鼠只能吃飼主提供的食物，所以飼主有責任為其選擇有益身體的類型。

✤ 愈新鮮愈好

　　首先請盡量選擇未使用色素與香料的類型，且製造日期與賞味期限愈新鮮愈好。

✤ 硬質好還是軟質好？

　　倉鼠飼料分成半熟型（軟質）與固體型（硬質）這兩種，後者不容易壞掉，保存期限長，且需要咬過才能夠吞嚥，有助於預防倉鼠牙齒長得過長。

年輕又有精神！

高齡鼠
病鼠

硬質

高齡鼠適合軟質

但是牙齒還未長齊的幼鼠、牙齒或消化系統較弱的高齡鼠或病鼠、牙齒有問題的鼠寶，則請餵食半熟型的軟質飼料。

❖ 符合體型的尺寸

飼料的尺寸五花八門，請為體型較大的黃金鼠選擇大顆粒型，三線鼠、老公公鼠等體型較小的侏儒系倉鼠選擇小顆粒型。

❖ 避免選擇綜合飼料

有種綜合型飼料是由葵花籽、乾燥蔬菜、果乾等混成，乍看營養均衡，但是這邊並不推薦。因為倉鼠可能專挑自己想吃的吃，結果整天只吃高熱量的葵花籽與含醣量高的果乾，如此一來不僅會變胖還會營養攝取不均，所以請盡量選擇可以單純作為主菜食用的原味飼料。

我只想吃喜歡的～

成分表解讀法

選擇營養均衡的類型

飼料是能夠讓鼠寶輕易攝取必要營養素的方便食物，而牠們的必要營養素建議比例為粗蛋白質15～18％、粗脂肪4～5％、粗纖維5％、粗灰分7％，所以請仔細閱讀飼料包裝上的成分表，選擇數字最接近這個比例的一款吧。鼠寶有肥胖傾向時，則請選擇低脂的飼料。

順道一提，飼料成分表上的營養素前面都有「粗」這個字，這是什麼意思呢？

其實在分析食品成分時，很難測出最純粹

【成分表／每100ｇ】　粗蛋白質：15.0％以上、粗脂肪：3.7％以上、粗纖維：5.0％以下、粗灰分：4.0％以下、水分：10.0％以下、鈣：0.7％以上、磷：0.4％以上、熱量：約340kcal

【原料】　小麥、玉蜀黍、米、小麥麩皮、大麥、蝦粉、罌粟籽、亞麻仁、百里香、柳樹皮、異株蕁麻、青花菜、黑加侖、栗子、芝麻、酵母、礦物質類（碳酸鐵、鐵、無水碘酸鈣、碘、五水合硫酸銅、銅、氧化錳、錳、氧化鋅、鋅、亞硒酸鈉、硒）、維生素類（Ａ、Ｄ3、Ｅ）

的成分數值，只能用凱氏定氮法（Kjeldahl method）等換算出概數，也就是說，用這種計算法算出的數值可能含有其他物質，儘管數量可能極其微小，但是仍用「粗」代表不純粹的意思，因此會以「粗蛋白質」、「粗脂肪」等標示。

此外，成分表中常見的「○％以上」，意思則是「最少含有○％」。為了預防蛋白質或脂質等不可或缺的營養素短缺，都會標示出最低的含量。

飼料存放法
分裝以預防發霉或長蟲

飼料請在保存期限內餵食完畢，開封後即使還沒過期仍會變質，滋味也會逐漸變差。

小小的倉鼠一天會吃大約5公克的飼料，因此買太大包的話很容易吃不完，請特別留意。

以原本的包裝存放時容易發霉或長蟲，所以建議倒至密封性良好的容器，或是分成小包裝。

小包裝比大包裝合適
自行分裝也很方便！

這連我也
吃不完啊～

哇～！

倉鼠適合喝的飲品
請讓鼠寶隨時都喝得到乾淨的水

　　請讓鼠寶每天都有新鮮的水可以喝。倉鼠1天所需的水量是體重的8～10%，雖然市面上售有寵物專用水，不過給予一般家庭飲用水即可。

　　餵水器就是相當方便的飲水工具，選擇前端有防漏水滾珠的類型，就不怕因為漏水而弄髒籠子。此外也請時不時確認鼠寶是否確實飲水，餵水器的出水口是否堵塞等。

　　有些倉鼠不喜歡用餵水器喝水，這時不妨改用深盤裝水。但是盤子容易打翻，水也容易被汙染，所以請為鼠寶勤加換水。

　　倉鼠通常只會喝自己需要的水量，但是餵食過多含水量大的蔬菜，也可能造成倉鼠攝取過多水分進而腹瀉，因此請依鼠寶的糞便狀況調整蔬菜量。

請給與新鮮的水，
而且要每天更換

用盤子裝的水
容易汙染，
因此餵水器較佳

倉鼠可以喝果汁
或牛奶嗎？

請讓鼠寶隨時都喝得到乾淨的水

　　一般來說適合倉鼠飲用的只有水而已。雖然倉鼠寶寶或病鼠可以視情況餵食專用乳品，其他飲料都絕對不行，當然牛奶也不可以。倉鼠寶寶雖然會吸食母鼠分泌的乳汁，但是長至成鼠後就會變得無法分解乳糖。更何況牛奶的成分也與母乳不同，所以無法分解乳糖的倉鼠喝了後會腹瀉。

　　紅茶等茶類含有的咖啡因、單寧對倉鼠來說也是有害物質，但是像麥茶這種不含咖啡因與單寧的茶類，同樣可能損害倉鼠的健康，所以請避免餵食。

　　眾多飲品中應特別留意的是可可。可可中含有對倉鼠來說毒性極強的可可鹼（theobromine），會造成心跳過快、呼吸急促、肌肉硬直、癲癇等神經症狀，最壞可能導致心臟衰竭並陷入昏睡。

　　水則以自來水最佳。日本的自來水屬於軟水，而且加了氯所以不易腐壞，因此即使是用飲水機煮成的也很安心。礦泉水（硬水，尤其是從國外進口的礦泉水）可能有礦物質過多的問題，所以請避免餵食。

零食可以餵多少？

恪守整體食量10%的原則！

　　只要每天餵食一次適量的食物，基本上是不需要零食的，但是零食有助於與鼠寶培養感情，從這個角度來看非常重要，所以當然不是完全不能餵食。

　　各大品牌都售有許多倉鼠專用的零食，而倉鼠是好惡分明的動物，所以找到自家鼠寶喜歡的零食，就是飼主的重要任務。

　　但是餵食零食的時候，應遵守僅占整體食量10%的原則。倉鼠食用過多零食的話，可能就不願意吃飼料或蔬菜，所以請謹慎留意。

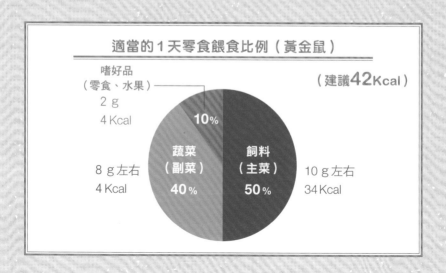

適當的1天零食餵食比例（黃金鼠）

嗜好品
（零食、水果）
2 g
4 Kcal

（建議42Kcal）

10%

蔬菜
（副菜）
8 g左右
4 Kcal
40%

飼料
（主菜）
10 g左右
34 Kcal
50%

葵花籽、麵包蟲都是倉鼠最喜歡的食物，但是營養非常不均衡，特別是脂肪含量極多，容易造成肥胖。

因此這些都只能當成零食，偶爾吃一下即可。既然是當作零食餵食的話，1～2週餵1顆或1隻就夠了，絕對不可以看到鼠寶想吃就餵食。

倉鼠肥胖會誘發許多疾病或合併症，所以避免鼠寶肥胖是非常重要的。

雖然倉鼠啃食葵花籽的模樣相當可愛，但還是請咬緊牙關忍耐吧。餵食大量零食，放任鼠寶隨便吃絕對不是真正的溫柔。

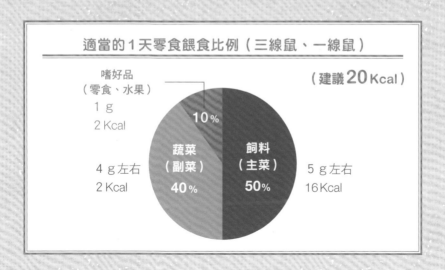

適當的1天零食餵食比例（三線鼠、一線鼠）

（建議 20 Kcal）

嗜好品
（零食、水果）
1 g
2 Kcal
10%

蔬菜
（副菜）
40%
4 g左右
2 Kcal

飼料
（主菜）
50%
5 g左右
16 Kcal

倉鼠不可以吃的食物
有哪些？

蔬果之中也有很危險的類型！

專為人類打造的加工食品，通常都有醣質過多、鹽分過多、脂肪過多的問題，所以絕對不可以餵食，否則會讓壽命本就短暫的倉鼠更加短命。

這邊請記得：❶鹽分過多、❷辣、酸、❸糖分過多、❹脂肪過多、❺帶有黏性這些條件都不行，其中帶有黏性的食物有堵塞頰囊或卡住喉嚨的風險。

發霉或是腐壞的東西當然絕對不可以。此外後面也會詳細介紹，雖然很多蔬菜與水果對人類無害，卻可能造成倉鼠中毒，所以請注意絕對不可以餵食這類食物。

無添加鹽分的豆腐、不含乳糖與砂糖的原味優格的話，可以餵食極少量沒關係。

人類在吃的零食則絕對禁止，市面上就發生過許多倉鼠吃到巧克力而中毒死亡的案例。巧克力中的可可鹼與咖啡因會造成倉鼠中毒，引發嘔吐、心律不整、腹瀉與痙攣等症狀，即使只吃到

極少量仍可能演變成極為嚴重的後果。

　　一旦讓倉鼠吃進肚子裡，就很難讓牠們吐出來，此外倉鼠也受到胃部構造的限制無法自行吐出。

　　因此發現鼠寶吃進有害物質時，請立刻帶去看醫生。很多東西對人類雖然無害，對體型很小的倉鼠卻是少量足以致命，所以飼主有責任管理好倉鼠的生活環境。

 禁止餵食倉鼠的食物，請參照P.101～的資料篇一覽表，請各位務必仔細確認。

食用自己糞便的「食糞行為」

　　倉鼠會做出吃自己糞便這種對人類來說難以置信的奇特行為。牠們彎曲上半身直接從肛門食用糞便的模樣，一天就會出現好幾次。「這麼可愛的倉鼠竟然會吃屎！」各位或許覺得震驚，但是這種食糞行為其實是其他動物也會做的正常行為。

　　倉鼠吃進食物後會在盲腸發酵、消化，產生維生素B群與胺基酸等，接著吃下含有這些營養素的糞便後，就能夠透過胃部與小腸吸收。只要知道原理，就知道這是倉鼠物盡其用的合理行為。

餵食水果的注意事項

其中也有許多危險的食物

　　相信應該很少有人討厭水果吧？ 或許各位也會想著倉鼠肯定喜歡，而情不自禁想餵食水果，但是請等一下！ 蘋果、梨子、櫻桃等生活常出現的水果中，有許多都含有對倉鼠來說有毒的成分，尤其還沒熟的水果毒性更強。以水果為主食的動物，都具備排出水果毒素的功能或能力，但是倉鼠卻沒有（不可以餵的水果詳情請參照P.101的資料篇）。

　　因為水果含有豐富的果糖（糖分）與水分，所以即使是可以餵食的水果，也要注意避免過度餵食。水果的果糖與砂糖一樣，過度餵食都會造成蛀牙，而過多的水分則會造成腹瀉。還沒成熟的果實或種子可能含有毒性，更是危險至極。雖然水果富含維生素，但是大量攝取可能造成維生素中毒。舉例來說，維生素A攝取過多會造成掉毛、食慾不振、嘔吐與腹瀉等中毒症狀。倉鼠只要靠飼料與蔬菜，就能夠攝取足夠的維生素了。

　　餵食少許的成熟草莓與成熟蘋果（籽不行）等沒有問題，但是請注意最多控制在總餵食量的10%以內，不要過度餵食。

只能餵食
極少量的
成熟果實

餵食水果的注意事項

鼠友注意！

注意汁液！
柑橘等容易噴汁的水果，在食用時請特別
留意。果汁噴進倉鼠眼睛時，會增加罹患
眼疾的風險！沾溼身體的話，可能會害倉
鼠抓出皮膚炎或是感冒。

籽有毒！
大部分的水果籽都具有強烈
毒性，誤食就不妙了！所
以餵食水果前請先做好安全
措施，例如去籽等。

注意香蕉！
香蕉藏進頰囊後會黏住難以取出，結果在頰
囊中腐壞造成發炎。因此要餵食香蕉的話，
請在飼主監視下少量餵食。

特別留意觀葉植物！
預料之外的陷阱！對鼠寶非常危害

　　放鼠寶出籠在家中散步時，請特別留意是否有造成危險的事物，絕對不可以將熱茶或刀具等擺在桌上。

　　其中最出乎預料的陷阱，就是觀葉植物。基本上大部分的觀葉植物都含有許多有毒物質，包括牽牛子貳（Pharbitin）、膽鹼（Choline）、皂素（saponin）、蟾蜍強心苷（Bufadienolides）、氰化物（Cyanide）、生物鹼（alkaloid）、巴豆酯（phorbol esters）等。倉鼠不慎咬到就可能引發中毒症狀，非常危險。所以發現鼠寶誤食的時候，即使沒有症狀也建議帶去看醫生。

　　盆栽裡的培養土也含有對倉鼠有害的物質，同樣請加以留意，即使不是觀葉植物也請勿擺在倉鼠碰得到的地方。倉鼠天性喜歡沙浴，如果趁飼主不注意時溜進盆栽就糟糕了，因為牠們會挖洞搞到全身都是土，也會弄髒整個房間，所以鼠寶會散步的房間千萬不要放置盆栽。

葉子裡有毒，不可以咬到！

請注意
別讓鼠寶
鑽進腐葉土裡

零食餵食法
培養感情的功能遠大於營養

　　零食本來就是不餵也無妨的食物，但是倉鼠喜歡吃的東西很多，透過零食培養感情也是一件很重要的事情，所以請遵守一天最多餵食10%的原則吧。

❖ 果乾

　　果乾基本上不要餵最保險。

　　市面上售有無添加糖的動物專用果乾，這類零食經過高溫處理，去除倉鼠的過敏原與有毒物質等危險性。但是水果本身就富含果糖，

再加上高溫處理後連維生素都消失了，所以請視為零食而非營養素攝取。大量餵食果乾會造成消化不良，請遵守最多占總餵食量10%的原則。

❖ 昆蟲

　　雜食性的倉鼠在大自然中生活時也會食用昆蟲，但是基本上不餵也沒關係，真的要餵的話少量即可。

　　麵包蟲與蟋蟀對倉鼠的胃部構造來說都很難消化，可能引發腸堵

塞。此外這兩種昆蟲含磷量高，會提高血中磷離子濃度，造成佝僂病（Rickets）、骨骼衰弱、成長遲緩等問題，且營養價值與脂肪含量高也會導致倉鼠發胖。

　　昆蟲主要的營養素是蛋白質，而倉鼠所需的蛋白質透過飼料攝取即可，市面上也有起司塊、牛肉塊、肉泥等零食，另外也可以餵食少量小魚乾或未經調味的水煮雞胸肉。

❖ 野草

　　很多野草都含有毒性，不是專家難以分辨，所以不餵是最保險的。但是蒲公英與車前草具有整腸效果，視情況餵食也無妨。但是切記外面的野草很髒，採回來後應清洗乾淨再餵食。

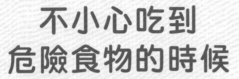

不小心吃到
危險食物的時候
乍看沒問題卻可能急轉直下

　　發現鼠寶誤食危險食物，或是即使沒有餵食仍覺得鼠寶有異狀時，請立刻帶去看醫生。

　　這時請留意鼠寶的皮膚、眼睛與耳朵是否發癢或變紅，如果平常就有做好健康確認，相信有異狀就會馬上發現了吧？

　　發現異狀後請務必諮詢獸醫並尋求指示，不要自行下判斷。

　　出現腹瀉、食慾不振、掉毛等過敏反應時，請立刻重新檢視飼養環境與飲食內容。

　　鼠寶出現異常行為時，拍攝影片給獸醫參考，有助於獲得更精準的診斷。

　　鼠寶可能誤食有毒物質（食品）、毒素（食品）、毒物（老鼠藥、除草藥）等的時候，也請將該物品一併帶去動物醫院以便向醫生說明狀況。

　　只要我們及早了解造成中毒的原因，就有助於提前制訂治療方針，自然也能提高及時治療的機會。

發現異狀
請立刻看醫生！
自行判斷很危險！

倉鼠的過敏食物
去除過敏原未見改善，就應接受治療

動物的食物過敏原非常難診斷。

倉鼠發生過敏的機制與人類不同，再加上科學家連狗狗這種大型動物，都還沒完全搞清楚會造成過敏的食物，更何況是像倉鼠這種沒辦法透過血液檢查過敏抗體的小動物，當然更難診斷。

所以發現鼠寶吃下特定食物後，皮膚都會出現發癢、發紅等相同的症狀時，就很有可能是食物過敏。

食物以外也有許多過敏因素（地板材、居家粉塵等），所以必須仔細鑑別原因才行。這時請在醫生的指導下檢查整體飼養環境（試著更換地板材、打掃籠子等）與飲食內容，暫時不餵可能過敏的食品等，若是能做的都做了依舊還是改善不了，就必須使用類固醇治療。

倉鼠的飲食基本　總結

倉鼠的必需營養量	蛋白質須占總餵食量的15〜20%，脂質為4〜5%
倉鼠的飲食內容	以飼料（主菜）＋蔬菜（副菜）為基本
適當餵食量	飼料的每日餵食量為體重的8〜10% 黃金鼠　　　　　　10〜15 g 三線鼠、一線鼠　5 g 老公公鼠　　　　　3 g
餵食時間與次數	傍晚〜夜晚　1天1次
飼料與蔬菜的比例	一般　　　　飼料：蔬菜＝60：40 肥胖倉鼠　飼料：蔬菜＝40：60
可以餵的蔬菜	青江菜、小松菜、南瓜、胡蘿蔔、白蘿蔔葉、番薯、青花菜、芽類蔬菜等
倉鼠的飲品	只有水；僅病鼠、剛出生的鼠寶寶可以飲用倉鼠專用乳
適當的飲水量	1天必要的飲水量為體重的8〜10%
適當的零食量	最多只能占總餵食量的10%
不可以餵的食物	❶鹽分過多　❷辣、酸　❸糖分過多　❹脂肪過多 ❺帶有黏性　❻人類的食品等 詳情請參照P.101〜
零食餵食原則	高熱量＆高脂肪的堅果類與昆蟲，僅可偶爾餵食，頻率為1〜2週1次

隱身術！

我家的倉鼠日常 2

KURO
一線鼠
（灰色）

本大爺的手下1號和手下2號，
正在打掃我尊爵不凡的房間。

手下① 手下②

沒辦法了～
只能等一下～

啃
喀啦喀啦

→ 打掃籠子時，
會先帶到旁邊
用蓋子蓋著

KURO、
再等我們
一下喔！

終於
掃好了～

還沒好嗎～
本大爺快等不
下去了……

昏昏欲睡

奇怪？
KURO
呢？

咦？
不見了!?

騙人？

……

呼～

驚嚇!!

這裡

咦！
怎麼辦!!

咿咿咿

該不會
跑出去了……？

報、報警……

不可能

← 完全和桌上的
花紋融為一體了

48

第 **2** 章

倉鼠年老與
生病時的飲食

倉鼠的壽命短暫，轉眼間就變老了，逐漸無法再像以前一樣會吃了。「曾經那麼貪吃的孩子如今竟然……」飼養倉鼠的過程中，每位飼主勢必會遇到這樣的難關。這邊將依個人的飼養經驗，介紹適合「高齡鼠」的飲食，希望能夠多少消解各位飼主的不安。

倉鼠年紀大了
會發生什麼變化？

變得不像以前會吃

　　倉鼠的壽命約2年半～3年，將各種倉鼠的兩歲概略換算成人類年齡的話

- 敘利亞倉鼠（黃金鼠）　　　　　　約65歲
- 侏儒倉鼠（三線鼠、一線鼠）　　　約80歲
- 小型侏儒倉鼠（老公公鼠）　　　　約75歲

　　倉鼠上了年紀後行動會變緩慢，眼睛與被毛也會變得黯淡無光，有時甚至會罹患白內障，使眼睛看起來白白的。

　　飲食方面則有掉牙、咬合變差等困擾，因此沒辦法吃得像年輕時那麼多，可能也無法再吃那麼硬的食物了。腸胃功能變差後就難以消化食物，讓倉鼠容易腹瀉。有些倉鼠上了年紀後對食物的喜好會大變，不肯再吃以前最喜歡吃的東西。

　　最令人困擾的就是進食障礙，因為上了年紀而不肯進食，使得倉鼠無法維持健康，身體也會愈來愈衰弱。

　　所以飼主必須多費點工夫幫助鼠寶輕鬆進食，例如換成軟飼料或是將蔬菜切得更加細碎等。

高齡倉鼠飲食注意事項
不要自行下判斷

　　攝取過多蛋白質與脂肪會對腎臟造成負擔，因此消化吸收能力變差的高齡倉鼠必須特別留意，但是這邊不建議各位依自行判斷減少餵食量。

　　有時必須為了提升消化效率而刻意增加蛋白質的攝取量，也可能因為罹患腎臟相關疾病反而需要加以限制，所以請遵照獸醫的指示。

　　平常勤加檢查鼠寶的健康狀況，只要稍有變化或異狀就能輕易察覺，所以覺得不太對勁時諮詢獸醫並尋求建議才是最保險的方法。

眼睛不再亮晶晶

可能是白內障…

被毛失去光澤

牙齒脫落或變差

腿部變得衰弱且動作遲緩

消化功能變差

變得容易腹瀉

倉鼠的照護飲食

飼料泡軟或是打碎

❖ 剛開始老化的階段

在倉鼠老化的初期階段，各位不妨將飼料改成高齡倉鼠專用的低脂款。

如果鼠寶總是吃不完的話，請先試著將固體型（硬質）飼料換成半熟型（軟質）飼料。老化會使鼠寶容易吃膩特定飼料，所以也請準備多種飼料輪流餵。

蔬菜等則請切成方便食用的尺寸，另外考量到鼠寶可能受到心情影響而挑嘴，不妨備妥2～3種蔬菜與蘋果（成熟）供選擇。

小鳥在吃的稗、粟與加拿麗鷸草種子等都很小，不僅方便進食也兼具低脂、營養均衡等的優點，可以用來補充營養或是當成零食。

❖ 因持續老化或疾病變得虛弱（包括缺牙與虛弱的年輕鼠）

為已經變得虛弱的高齡倉鼠等準備食物時，基本上會將小動物專用的雜食粉與磨碎的飼料混在一起，接著拌入少量的水或倉鼠專用乳等，易於食用之餘維持營養均衡。

副菜同樣可以餵食蔬菜，但是按照鼠寶的狀態切碎或是打成泥以便消化或許會更好。

想增加營養攝取的話，也可以將未添加乳糖的優格與蘋果泥拌在一起餵食。

為高齡鼠寶打造友善的環境吧

❶ 盡量排除籠內的高低差

❷ 移除滾輪等障礙物

❸ 底材太軟會不利行走，應鋪上餐巾紙

❹ 進一步留意溫度調整

關於保健食品

不要過度指望

　　市面上有蜂膠、巴西蘑菇與蜂花粉等形形色色的保健食品、健康補助食品、機能性食品與膳食補充食品等，都標榜著有益健康。但是其實這些全部都只是一般食品，國家明文規定禁止標示保健效果與健康效果等。在日本通過國家認證有效的健康食品，只有標有「特別用途食品」、「特定保健食品」與「營養機能食品」的商品。也就是說，保健食品與膳食補充食品的效果並不代表有經過證實。

　　倉鼠當然也有專用的健康補助食品與膳食補充食品，我們家也秉持著「可能會有效」的心態試過各式各樣的保健食品，但是坦白說無法確定有沒有效果。

　　小動物專用的食品比人類食品更難證明效果，此外日本也並無小動物食品標示相關法規，所以毫無根據的效果宣稱才會這麼氾濫，由此可知，不要過度指望是比較聰明的做法。

世上沒有正確答案

依鼠寶的狀態仔細調整

　　為了讓高齡鼠寶與生病的鼠寶多少吃點東西，我們家經過了不斷的嘗試與失敗。由於實際情況依個體而異，因此本書介紹的飲食內容與方法，不是每隻倉鼠都適用。本書提供的並非正確答案，而是希望能夠幫助各位苦惱的飼主帶來靈感，所以請依照自家鼠寶的狀況加以調整吧。

　　只要沒有明顯的體重減輕，就不必強迫鼠寶進食。因為老化會導致基礎代謝與活動代謝變差，所以食量變小可以說是天經地義的。再加上倉鼠本身消化系統（腸胃）就比較弱，所以老化當然會使消化系統或牙齒變得更脆弱。有時各位只要理解鼠寶的變化就夠了。

　　還是擔心的話，則建議諮詢平常往來的獸醫。

　　鼠寶開心進食的模樣對我們來說實在是非常療癒，所以對飲食耗費心思，讓牠們能夠一輩子展現這幅可愛模樣，也是飼主表達愛意的重要方法。

　　請各位全心全意愛護鼠寶直到最後一刻吧。

祕密零食

我家的倉鼠日常

3

CHYU

黃金鼠
（黑斑塊）

小CHYU住在豪華的雙層住宅。

請叫我
名媛！

臥室

客廳
&
遊樂場

啊！

今天去床上吃零食好了～

這樣其實
不好～

讓我偷偷
回房間吧！

CHYU的形狀
是不是
怪怪的……

嘿咻嘿咻

不准偷看～!!

塞滿

我是不是
該假裝
沒看到??

吱吱吱！

唔噢噢噢

卡在隧道裡了

第 3 章

藉由飲食
預防倉鼠生病

倉鼠是非常敏感的動物，生病時能夠選擇的醫院也相當有限，治療難度也很高，所以盡力預防疾病是非常重要的。平常勤加確認健康狀況，稍有異狀就立刻帶去看醫生，可以說是基本中的基本。不過，也有些疾病透過飲食就可以預防。

養成每天健康檢查的習慣

大原則是及早發現及早治療

　　倉鼠生病後的治療難度很高，所以最重要的就是避免生病。預防鼠寶生病的方法包括打造乾淨的環境、確實做好溫度與溼度管理、協助鼠寶維持適度運動與正確飲食，同時也不可輕忽每天的身體健康確認，一旦發現異狀就應立即帶去看醫生，因為及早

倉鼠健康狀態的檢查重點

耳朵
變髒、冒出臭味或是耳朵總是下垂時就可能是生病了。

鼻子
流鼻水、鼻頭乾燥都可能是生病了。

被毛
倉鼠不舒服時不會理毛，所以被毛整齊度或光澤會變差，看起來亂糟糟的。

整體情況
摸到腫塊時可能是長腫瘤。只要每天都會摸摸鼠寶就能夠輕易發現，發現後也請立刻送醫。此外也建議讓鼠寶接受定期健康檢查。

眼睛
淚汪汪、發紅、發腫、眼屎等都可能是眼睛不舒服。

發現及早治療是非常重要的。

　倉鼠的活動時間是傍晚至晚上，所以建議在這段期間確認健康狀態。鼠寶在睡覺時卻硬挖起來檢查的話，反而會因為心理壓力而致病，所以請盡量避免。

牙齒

確認是否過長或咬合不正，有時過長的牙齒還會刺傷口腔。

尿液

檢查鼠砂的顏色，確認尿液顏色是否有異狀？是否出現血尿？排尿量過多時，則有可能是罹患糖尿病。

糞便

出現水便時請確認是否餵食過多蔬果或堅果類？溫度設定是否恰當？

尾巴或臀部沾溼、弄髒的話，有可能會引發腹瀉。

尾巴

頰囊

從外側觸摸時鼠寶會痛的話，可能是發炎了。發臭的話可能是殘食在裡面腐壞所致。

爪子

爪子過長有可能是運動量不足所致，欲修短的話可使用磨甲器或是請獸醫幫忙。

肥胖的飲食注意事項

太胖會引發各式各樣的疾病！

倉鼠與人類一樣，肥胖是萬病根源，會造成心臟衰竭、脂肪肝、肝臟衰竭、糖尿病與子宮蓄膿症等。

此外肥胖使體型變大後，倉鼠的手就無法伸到背部理毛，如此一來，分泌物累積在臭腺就會導致炎症，或是因為不衛生而引發其他疾病。倉鼠從高處墜落時，也會因為身體變重的關係而更加容易骨折。

肥胖的原因包括吃太多，或是過度餵食高脂肪、高蛋白質、高熱量、高含醣的食物，再來可能就是運動量不足。籠子狹窄、滾輪難用等都是常見的元兇，所以請依照鼠寶的體型選擇適當的商品吧。

但是因為變胖就突然減少餵食量，會讓鼠寶變得虛弱，所以發現餵食過多時，請採取循序漸進的減量。市面上也售有能夠幫助減重的低熱量飼料。

為了幫助鼠寶均衡攝取營養素，除了飼料外還可以餵食蔬菜（參照第1章），而鼠寶健康狀況良好時飼料與蔬菜的比例為60：40，但是有肥胖傾向時必須減少飼料，改成40：60。

倉鼠的標準體型與壽命

黃金鼠

體長：15～20cm　體重：85～150ｇ　壽命：2～3年

特徵是雌性的體型大於雄性，個性溫和親人，但是地盤意識強烈，不適合多隻養在一起，必須個別飼養。

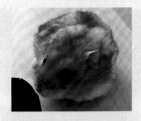

三線鼠

體長：6～12cm　體重：30～45ｇ　壽命：2～2年半

體型小於黃金鼠，不斷滾動的圓眼睛相當可愛。雄性的體型略大於雌性。個性溫和親人，表情豐富的個體相當多。

一線鼠

體長：7～12cm　體重：30～45ｇ　壽命：2～2年半

外表與三線鼠相似，體型與壽命也幾乎相同。個性膽小神經質，可能得花點時間才能夠適應環境。

老公公鼠

體長：6～7cm　體重：15～40ｇ　壽命：約3年

體型最小，總是動個不停的模樣相當可愛。雌雄體型相當。個性神經質，動作也很快，所以比較難讓牠們待在手上。

留意牙齒健康
才能吃得美味
預防蛀牙與牙周病

　　餵食過多甜食會提高蛀牙的風險，這點與人類相同對吧？ 牙齦傷口感染細菌後會演變成牙周病，像是與咬合不正（參照P.63）有關的牙齒過長，或是啃咬籠子的金屬網都可能傷到牙齦。所以發現鼠寶有口臭、牙齦出血、食慾變差、臉部發腫等症狀時，請檢查一下牙齒狀態。

　　倉鼠的牙根深達眼睛附近，放著牙周病不管時，可能會造成內耳炎、中耳炎、外耳炎，有時甚至會導致眼球發炎或腦炎等。

　　為了幫助鼠寶到老年都能夠開心用餐，平常就應養成檢查口腔的習慣，確認牙齒與牙齦是否出現異狀。

　　最安心的作法就是定期帶鼠寶上熟悉的動物醫院做健康檢查，但是有些醫院的一般健檢項目不含牙齒，所以請事前確認清楚。

治療　輕傷只要餵食抗生素即可，嚴重時可能必須開刀除膿或是拔牙等。

咬合不正，使倉鼠想吃也吃不了！

避免使用金屬網籠比較保險

上下各兩顆的門牙是倉鼠的一大魅力，而這些門牙會持續生長一輩子，食用硬質食物或是啃咬硬物都有助於磨短。如果長期餵食軟質的食物，磨牙程度不足會使門牙過長，導致鼠寶無法正常咬合，這就是所謂的咬合不正。過度啃咬籠子的金屬網，同樣會造成咬合不正的問題。

倉鼠咬合不正時就無法完全閉緊嘴巴，導致流口水、過長門牙刺傷口腔等問題，影響進食的話則會造成消瘦。

為了避免如此事態，建議餵食硬質飼料並在籠中擺放啃咬專用的木材。最重要的，是避免使用金屬網籠子。

治療　請獸醫修短過長的牙齒。齒根膜（骨頭與牙齒間的薄膜）發炎等問題，可能會造成齒根膜變鬆而改變牙齒方向等嚴重事態，所以必須定期上醫院修剪。

易融化的食物可能引發頰囊外翻或頰囊瘤

食物在頰囊中腐壞所造成的

一談到倉鼠那頰囊塞滿食物的模樣，實在是可愛得不得了對吧？雖然實際狀況依種類而異，不過據說頰囊容量較大的倉鼠，能夠一口氣將多達體重20％的食物都塞在裡面。

原始的倉鼠必須每隔1～2小時就進食一次才能夠存活，所以不得不頻繁覓食。然而嬌小脆弱的倉鼠外出覓食是相當危險的，因此會將食物塞在頰囊後帶回巢穴等安全的地方，再慢慢取出食物享用。由此可知，頰囊是倉鼠在自然界生存所演化出的智慧與苦工。

這麼重要的頰囊受傷或是發炎時會引發「頰囊瘤」，有時頰囊可能會從口中跑出來，成為所謂的「頰囊外翻」。頰囊外翻卻不治療時，頰囊會愈來愈乾燥，最後無法恢復原狀或是壞死。

避免餵食會傷及頰囊的食物，有助於預防這些問題發生。此外，會融化的食物可能黏在口中，一直在頰囊中放到腐敗進而造成發炎，所以應避免餵食這類食物。

治療 輕症時只要用沾溼的棉花棒等，將外翻的頰囊溫柔推回去即可。飼主可以自行處理，但擔心時就請醫生幫忙吧。

高蛋白質飲食會導致糖尿病！

排尿量增加時必須特別留意

倉鼠與人類一樣都會罹患糖尿病。糖尿病是指血液出現慢性血糖值過高的狀態。胰島素等荷爾蒙減少或是功能變差，讓身體無法把醣類轉換成身體熱量，就會造成血糖值維持在偏高的狀態，長期持續的話還會衍生出其他疾病。

糖尿病的症狀包括大量飲水、排尿量增加或是尿液散發些微甜味等。

排尿量增加可能會造成脫水，使鼠寶愈來愈沒有精神。此外也可能導致食慾變差、無法自行調節溫度、身體難以動彈，或是被毛光澤變差等症狀。

這種疾病通常與遺傳有關，但是有時卻是運動量不足與飲食習慣造成的。

所以請仔細確認當作主菜餵食的飼料成分吧。蛋白質含量高的飲食，會使身體更易生成醣質，因此請換成蛋白質含量較低的飼料吧。此外罹患糖尿病也會一直想喝水，所以請勤加換水，提供充足的新鮮飲用水吧。

治療 以飲食調整為主。治療過程中會在醫院進行尿液檢查，若是確診糖尿病後，便盆中請不要放置鼠砂，以便用滴管吸取尿液。

食慾不振或體重減輕可能是脂肪肝、肝硬化！

發現時可能已經是重症了

　　倉鼠食慾變差、體重減輕時，可能罹患的疾病相當多種，其中一種就是脂肪肝。脂肪肝初期沒什麼症狀，往往等到發展成肝炎、肝硬化或肝癌時，才因為某些症狀而發現，結果就已經很難治療了。脂肪肝的症狀包括食慾不振、體重減輕、皮膚炎與血尿等，有時則與遺傳有關，不過很多時候都是肥胖造成的。

　　因此避免鼠寶發胖才是最好的方法，發現鼠寶變胖時請先重新檢視飲食內容吧。理想的飲食是低熱量＆高蛋白質，正餐沒問題的話就接著確認零食吧。正餐本身就營養均衡時，其實是不需要零食的，真的要餵就請務必控制在整體餵食量的10%以內。

　　倉鼠的適當體重基準依P.61所示，但是該頁是依品種分類，實際上即使品種相同，仍會有骨架等個體差異，所以不能一概而論，最確實的方法就是親手摸摸自家鼠寶。每天確認鼠寶健康狀態時摸摸下巴、腋下與腹部，只要有長肉的話一定摸得出來。如果鼠寶體型相當正常，動作卻變得緩慢時也必須特別留意。

治療　脂肪肝、肝炎與肝硬化從診斷到治療都很困難，務必將鼠寶交給熟識的醫生診治。

大量餵水以預防膀胱炎

藉由營養均衡的飲食提高免疫力

　　膀胱炎是倉鼠較常見的疾病，是細菌入侵膀胱所致。免疫力變差或是年紀變大時，就容易罹患膀胱炎。

　　症狀包括食慾不振、體重減輕、血尿、排尿次數＆量增加、排尿困難、陰部總是溼溼的、尿液散發惡臭等。

　　經常清潔籠子與鼠砂盆，避免細菌孳生有助於預防膀胱炎，搭配營養均衡的飲食以提高免疫力也相當重要。

　　此外，餵食充足的新鮮水，幫助鼠寶透過尿液排出細菌則是最佳的選擇。雖然食用蔬菜也能夠攝取水分，但是光憑蔬菜是不足的，所以請準備餵水機讓鼠寶隨時有水可喝吧。另外換餵低鈣飼料也有助於預防。

 治療　餵食抗生素、止血藥物、靜脈注射。

過度餵食水果可能導致腹瀉或軟便

也要留意食物不夠新鮮的問題

　　倉鼠腹瀉與軟便時，常見的原因是餵食過多水果。水果有90％以上都是水分，過度餵食會使倉鼠攝取過多水分。水果含有大量糖分（果糖），也有很多水果對倉鼠來說有毒（參照P.101～的資料集），請選擇已經成熟的水果且極少量餵食。

　　市售零食的色素、防腐劑等添加物有時也會造成腹瀉，請仔細確認包裝上的品質標示，選擇無色素、無添加的類型吧。

　　倉鼠有將食物儲藏在特定場所的習性，如果存起來的食物發霉或腐壞，吃下肚後就很有可能腹瀉，所以請勤加清理鼠寶儲藏的食物吧。

　　腹瀉會使倉鼠元氣大傷，所以及早發現是很重要的。使用百分之百以木漿製的餐巾紙等白色的東西當作底材，就能夠一眼看出鼠寶是否腹瀉，有助於及早送醫治療。

治療 藉輸液改善脫水症狀。

飲食以外的腹瀉原因

保持籠子清潔是最佳預防之道

　　腹瀉是倉鼠比較常見的疾病，元兇除了食物外還有寄生蟲、病毒等。

　　腹瀉會造成脫水，要是食慾不振的話還會演變成營養不良，鼠寶轉眼間會變得很虛弱，發現異狀時請儘早送醫治療。

❖ 倉鼠溼尾症

　　水便會使得倉鼠的尾巴總是溼溼的，所以又俗稱溼尾症，也就是增生性迴腸炎。原因除了感染了曲狀桿菌（Campylobacter jejuni）等腸內細菌、

酵母等真菌、病毒，或是滴蟲＆梨形鞭毛蟲等原蟲之外，不適當的飲食與壓力也可能造成。

 治療　藉輸液改善脫水症狀。

❖ 消化管內的寄生蟲

　　腹部的寄生蟲會引發嘔吐與腹瀉，而貓狗同樣有這方面的風險。倉鼠剛帶回家就腹瀉或軟便時，很有可能是在寵物店等感染了寄生蟲。

 治療　先做糞便檢查後再施藥驅蟲。有食糞習性的倉鼠可能會透過自己的糞便二度感染，所以建議定期驅蟲。

嚴重腹瀉
可能造成直腸脫垂
吃到不好消化的食物或是誤食異物

　　肛門附近的直腸掉出來，就稱為直腸脫垂，有時腹瀉太嚴重時也會發生，且會造成食慾不振或無法排便等症狀。此外有些倉鼠會啃食自己掉出來的直腸。

　　想預防這種事情發生，就必須避免鼠寶腹瀉，請遵循下列重點：❶不要餵食過多高含水量的水果、❷不餵食難消化的食物、❸不讓鼠寶食用腐壞的食物、❹保持籠中清潔。此外，誤食底材或鼠砂等也可能造成腹瀉，建議選擇不會凝固的材質。

　　再者，有些飼主沒注意到腹瀉的情況，會以為自家鼠寶是突然直腸脫垂，由於這是會致命的疾病，建議透過換成白色底材（參照P.68）等方法，以求及早發現腹瀉吧。

治療　外科治療是施打麻醉後將直腸推回原位，但是必須考量到打麻醉的風險。雖然有完全治好的機會，但也有復發的可能性。

內科治療是藉由消炎藥改善腸子腫起與炎症，並藉由抗生素預防細菌感染，最後要戴上伊莉莎白頸圈避免倉鼠啃咬跑出來的直腸。

留意誤食以避免腸阻塞

以飼料與蔬菜打造營養均衡的飲食

倉鼠出現腹部隆起、無法排便或食慾變差等症狀時，有可能是發生了腸阻塞。

腸阻塞的原因通常是誤食。不小心吃下底材、鼠砂或自己的毛等，結果因為無法消化而塞在腸道。倉鼠吃進肚子的東西就很難取出，也不太可能讓牠們自己吐出，所以最好的預防方法是避免誤食。

倉鼠誤食木屑或紙製底材時還是可以消化，不會導致腸阻塞，但是消化不了棉質，因此建議避免使用。鼠砂則請挑選不會變硬的類型。此外要讓鼠寶在家中散步時，要特別留意別讓鼠寶咬到毛巾或地毯等。

如果鼠寶屬於長毛種，請用軟毛牙刷等幫牠們梳毛，避免廢毛堆積在籠中。另外也要定期打掃籠中，保持清潔很重要。

再者，還要避免餵食不好消化的食物，請以飼料為主、蔬菜為輔，打造出營養均衡的飲食吧。鼠寶便祕時則請稍微提升蔬菜的比例。

治療　重症時必須開刀取出異物。

高鹽飲食可能造成心臟病

絕對不可以餵食人類吃的點心

　　長期維持高熱量、高鹽分的飲食，血液的流動會變慢，進而引發心臟病。此外老化造成的心臟功能低下、遺傳與肥胖也是常見的元兇。發現鼠寶出現呼吸急促、食慾不振、不太愛動、年紀大了卻反而變胖（浮腫）等症狀時，就有可能罹患了心臟病。

　　心臟的作用形同幫浦，藉此將血液輸送至全身，因此心臟生病時血液就很難回到心臟，使身體變得浮腫，並可能併發肺水腫、腹水等症狀。

　　出現症狀時的鐵則當然是儘早就醫，但是也別忽視日常的飲食。前面已經重複過很多次了，倉鼠的日常飲食應以飼料與蔬菜為基本，零食只能當成偶爾為之的獎勵。其中倉鼠最喜歡的堅果類屬於高熱量，更應加以限制。同時也應避免餵食市售的綜合飼料，否則鼠寶可能專挑喜歡的吃而已。人類在吃的點心通常高熱量且含鹽量大，絕對不可以餵食。

　　運動會對鼠寶心臟造成負擔，因此病情嚴重時建議拿走籠中的滾輪。

治療　藉強心劑或血管擴張劑減少心臟負擔。
再藉由利尿劑消除浮腫。

過度攝取鈣質與草酸可能造成結石

減少菠菜與堅果類的餵食量

多餘的鈣等礦物質在體內凝固成石頭，就稱為結石。從腎臟製造出尿液至排出的路徑（尿路）時就稱為尿路結石，結石塞住尿路導致排尿不順時，很可能會導致死亡。

但是光看外表很難發現結石的問題，所以鼠寶出現血尿、排尿困難、觸摸腹部會痛、體重減輕、貧血等症狀時就很有可能是結石所致。

倉鼠的尿液本來就很濃，且含有許多結晶成分，所以很容易產生尿路結石，過度攝取鈣質與草酸則會進一步提升產生結石的風險。食物中的鈣質含量超過整體餵食量的1.0%，會使尿液變得更濃，尿液中的鈣濃度也會變高。

因此請避免餵食太多菠菜或堅果類等鈣質含量多的食物，並稍微增加含水量高的蔬菜、加強新鮮飲用水的供給。

治療 結石尺寸小時，可藉飲食療法、輸液或藥物溶開結石，尺寸較大或是位在膀胱時，就必須開刀取出。結石很容易復發，所以也必須進行定期的尿液檢查。

不當飲食會引發
各式皮膚炎

原因包括營養不足、高脂肪與水果

倉鼠的皮膚疾病五花八門，包括身體發癢、皮屑、掉毛、起疹子等。其中食物造成的包括過敏性皮膚炎、異位性皮膚炎與脂漏性皮膚炎等。

倉鼠的眼睛或耳朵一帶發紅、打噴嚏、流鼻水、腹部或腹側起疹子，都可能是過敏性皮膚炎造成的，常見的原因包括底材或室內粉塵等生活環境的因素，只要更換底材或是勤加打掃籠子等就能夠改善。如果鼠寶很明顯是吃了什麼才過敏的，只要排除該項食物就能夠預防了。

異位性皮膚炎則源自於營養不足，只要飲食以飼料與蔬菜為主就能夠改善。此外肥胖使皮膚呈皺褶狀，皺褶處起疹子時就稱為脂漏性皮膚炎。既然是肥胖造成的，避免鼠寶發胖當然是最好的預防方法。

治療

【過敏性皮膚炎】➡ 排除過敏因素、給與止癢藥

【異位性皮膚炎】➡ 改善飲食

【脂漏性皮膚炎】➡ 餵食抗生素、抗組織胺藥或類固醇

留意疾病徵兆

及早發現不舒服，避免演變成疾病！

　　養成每天檢查鼠寶健康狀況的習慣，發現異狀時就請立刻帶去醫院就診吧。

　　倉鼠不舒服時不一定會表現出來，這是嬌小脆弱的倉鼠抵禦外敵的智慧，所以為了避免注意到時卻為時已晚的情況發生，平常就要仔細觀察鼠寶的模樣。

　　疾病的徵兆包括腹瀉、體重減輕、被毛亂糟糟的、飲水量異常增加、尿液中混有血絲、鼻腔或眼睛流出黏液、耳朵或身體長肉瘤或硬塊、腿部發腫等。此外，健康倉鼠的牙齒帶有黃色或橙色，過白時可能是牙齒失去活性，沒辦法確實產生作用。

　　發現這些徵兆時請立即送到動物醫院，不要憑自己的想法進行處置。最理想的做法是趁健康時找到合適的動物醫院，讓鼠寶能夠習慣醫院與醫生，否則等生病後才突然接觸到陌生醫生會使牠們產生戒心。若能夠每年進行一次健康檢查就會更加安心。

注意溫度與溼度的管理
冷熱對倉鼠來說可是攸關性命

　　飲食以外絕對要注意的就是溫度與溼度的管理。三線鼠原產的西伯利亞，是冬季最低氣溫達−40℃的極寒地帶。老公公鼠的原產國是俄羅斯的圖瓦共和國，冬季最低氣溫為−35℃。黃金鼠源自於中東敘利亞等全年炎熱的地區。但也並非因此就使倉鼠成了能夠耐受極端氣候的動物。黃金鼠在夏季氣溫高的白天會躲在陰影處休息，等到陰涼的夜間才外出行動。三線鼠與老公公鼠也沒有想像中那麼耐寒，牠們整個冬季都會躲在巢穴中。野生的倉鼠懂得避開極端的炎熱與寒冷，全年都處在約15～20℃的環境，冷熱差異會保持在±5℃的範圍內。

　　野生倉鼠或許耐得住少許氣溫變化，但是數百世代都在人工繁殖下，已經完全寵物化的現代倉鼠，卻會因為急遽的氣溫變化而死亡。請各位務必理解，倉鼠無法自行調節體溫，所以身為飼主的我們有責任為牠們做好溫度管理。

　　雖然電費會比較貴，但是這邊還是建議一年四季都藉空調維持一定的室溫，並且應在室內設置溫度計與溼度計，在調控溫度的同時也要做好溼度管理。

※小提醒：使用電器設備時，請留意相關操作的安全，避免釀成火災等意外。

適合各類倉鼠的溫度與溼度

黃金鼠		三線鼠		一線鼠		老公公鼠	
溫度	22～26℃	溫度	20～24℃	溫度	20～24℃	溫度	24～27℃
溼度	40～60%	溼度	40～60%	溼度	50～70%	溼度	40～60%

鼠友注意！

☐ **不要使用電風扇！**
倉鼠討厭風吹。

☐ **冬季要加溼，夏季要除溼**
容易乾燥的冬天在開啟空調之餘，也應視情況搭配加溼器；
梅雨季節或是特別潮溼的夏季則要視情況除溼。

☐ **10度以下是警訊！**
請將室溫保持在18度以上吧。倉鼠在10度以下的環境就開
始不妙了，5度以下時會進入偽冬眠狀態，呈現非常危險的
狀態。

可藉飲食預防的倉鼠疾病一覽

疾病	症狀	主因	透過飲食改善法
蛀牙／牙周病	・口腔發出惡臭 ・流口水 ・食慾變差　等	・餵食甜食	・不要餵食甜食
咬合不正	・咬合狀態差，嘴巴閉不起來 ・流口水　等	・金屬網型籠子 ・軟質飲食 ・遺傳	・餵食硬質飼料
頰囊外翻／頰囊瘤	・頰囊受傷發炎 ・頰囊跑出口腔	・餵食會在口腔中融化的食物 ・餵食具黏性的食物	・避免餵食會傷害頰囊的食物 ・避免會在口中融化、具黏性的食物 ・餵食硬質飼料
糖尿病	・飲水量異常增加 ・排尿量異常增加 ・尿液散發甜味　等	・高蛋白質飲食 ・遺傳	・以飼料與蔬菜為主的適當飲食 ・避免餵食過多堅果等零食 ・避免餵食人類吃的零食 ・給與充足的新鮮飲用水
脂肪肝／肝硬化等	・食慾變差 ・體重變輕 ・皮膚炎 ・血尿　等	・肥胖	・避免肥胖 ・換成低熱量高蛋白質的飲食 ・零食減量
膀胱炎	・食慾變差 ・體重減輕 ・血尿 ・排尿困難　等	・細菌入侵膀胱 ・老化 ・免疫力變差	・藉適當飲食提高免疫力 ・給與充足的新鮮飲用水
腹瀉／軟便	・水便 ・臀部總是溼溼的　等	・寄生蟲感染 ・食品添加物 ・吃到有害物	・抑制水果餵食量 ・選擇無人工色素、防腐劑的飼料 ・不要餵食壞掉的食物

疾病	症狀	主因	透過飲食改善法
直腸脫垂	・直腸脫出體外	・腹瀉惡化所致	・抑制水果餵食量 ・不要餵食壞掉的食物 ・避免餵食不好消化的食物
腸阻塞	・腹部隆起 ・排便障礙 ・食慾變差　等	・誤食無法消化的東西	・去除可能會誤食的東西 ・便祕時增加蔬菜餵食量
心臟病	・呼吸急促 ・食慾變差 ・不愛動 ・浮腫　等	・高熱量飲食 ・高鹽分飲食	・以飼料與蔬菜為主的適當飲食 ・避免餵食過多堅果等零食 ・避免餵食人類吃的零食
結石	・血尿 ・排尿困難 ・觸摸腹部時會疼痛等	・攝取過多鈣與草酸	・抑制鈣與草酸含量較多的飲食 ・給與充足的新鮮飲用水
皮膚炎	・身體發癢 ・皮屑 ・掉毛 ・起疹子　等	・過敏 ・營養不足 ・肥胖	・不餵食造成過敏的食物 ・以飼料與蔬菜為主的適當飲食 ・減少高熱量零食以避免發胖

迷你生活

我家的倉鼠日常 ④

HIGA

三線鼠
（三色）

HIGA、公園散步
時間到囉～

好～

手手專車
來囉～

等下～

正在把便當
塞進頰囊中

準備好了嗎？

固定擺放
的食物

Let's go to
公園！

哇～

我好期待
吃便當～！

手手專車

抵達囉～
咦？
怎麼了？

公園

忘記
帶零食了……

這是便當

真可愛～

80

第**4**章

倉鼠飲食的
Q&A

我們透過部落格與推特，收到全日本許多倉鼠飼主的提問，其中有一大部分都與飲食相關。這個單元將從眾多疑問中，挑選出對各位讀者也能有所幫助的部分加以介紹。

Q 剛帶回家的倉鼠
不肯吃飼料，
該怎麼辦才好？

A 在熟悉之前
餵食與寵物店相同的飼料

　想必是環境改變讓鼠寶感到害怕吧？
剛帶回家時請餵食鼠寶在寵物店或繁殖
處吃慣的飼料（可詢問對方）。

　等鼠寶熟悉之後再循序漸進地改變飼
料即可。

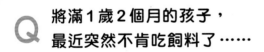

Please eat!

Q 將滿1歲2個月的孩子，
最近突然不肯吃飼料了……

A 減少零食的餵食量

　盡量幫助鼠寶食用飼料是很重要的。突然
不肯吃的話，可能是餵食過多零食造成的，
所以請減少零食的餵食量。

Q 將滿 1 歲 8 個月的孩子，
變得不肯吃飼料了……

A 可能是因為高齡才不吃的

　　1歲8個月在倉鼠生涯中已屆高齡期，牙齒變弱後就
比較難啃咬硬物，建議將硬質飼料換成軟質。

Q 將滿 2 歲 4 個月的孩子，
變得不肯吃軟質飼料了……

A 可以試著把飼料泡軟

　　這孩子換算成人類年齡後年紀非常大了呢。代謝功能已經下降了，不
必強求吃多也無妨。

　　這個時期請用少許的水泡軟飼料，另外也可以用粉狀的小動物雜食粉
簡單捏成糰子來替代。

Q 明明沒餵零食，
卻不肯吃飼料……

A 用不同口味輪替看看

　　不少倉鼠都頗有個性，彼此間的喜好也相當分
明。請試著準備多種飼料輪替，找出自家鼠寶最
喜歡的口味。如果是容易吃膩的孩子，就準備多種
輪流餵吧。

不肯進食篇

Q 不肯吃蔬菜，該怎麼辦？

A 試著餵食冷凍綜合蔬菜

鼠寶願意吃小松菜跟高麗菜是最理想的，不過也可以試著餵食少量冷凍混合蔬菜（不含洋蔥的商品）。解凍過的玉米與豌豆的嗜口性很好，或許鼠寶會喜歡吃（但是請勿過度餵食）。不管怎麼努力，鼠寶都不肯吃蔬菜時，可以稍微減少飼料的餵食量。不過一口氣減量太多會造成鼠寶的心理壓力，所以請慢慢調整吧。

Q 鼠寶沒有食慾，可以用牠最喜歡的葵花籽當主食嗎？

A 建議使用稗、粟與加拿麗鷸草種子

我能明白各位的心情，但是葵花籽富含太多油脂，會對腸胃造成負擔，所以不適合當主食。

倉鼠也喜歡的稗、粟與加拿麗鷸草種子就低脂肪且營養均衡，因此建議以這些代替。

高熱量

Q 出生不久的鼠寶已經離乳，
這時期只餵飼料所攝取的蛋白質充足嗎？

A 除了飼料外再另外搭配蛋白質

2個月齡的幼鼠時期中，蛋白質對成長來說非常重要，所以光餵飼料可能不太夠。

請準備水煮蛋或蒸雞胸肉，取少許打成肉泥嘗試餵食。此外成長期間也一定要餵食蔬菜，才能夠整頓腸胃環境。

營養篇

Q 我家有高齡鼠寶，時期只餵飼料
所攝取的蛋白質充足嗎？

A 請嘗試豆腐或優格

高齡倉鼠的消化吸收功能變差，這樣或許不太夠，請試著餵食少量好消化的植物性蛋白質（豆腐等）或不含乳糖的優格。請注意豆腐要選擇無鹽的類型。

Q 很常聽說倉鼠需要的蛋白質攝取量
是15～20%，是否太模稜兩可了？

A 實際情況依個體而異

每隻倉鼠的體型大小與體重都不同，平常的活動量與代謝量也會影響到必需蛋白質的量，所以才會以這個範圍表示。想額外增加鼠寶的蛋白質攝取量時，購買倉鼠專用加工肉塊會很方便。

Q 鼠寶骨折了，可以多餵一點鈣質嗎？

A 請遵循獸醫的建議

首先請詢問負責治療的獸醫，或許對方會開立適當的膳食補充食品。

飼料與蔬菜都含有充足的鈣，因此不用特別留意也無妨，比提升鈣質更重要的是鈣與磷的比例。鈣是骨骼成長所必需的營養素，但是攝取過多磷的時候就會排出相應的鈣，進而失去了補鈣的意義，甚至可能使鼠寶停止成長，提高罹患佝僂病的風險。

適當的鈣磷比是鈣：磷＝1：1～2。

營養篇

Q 三線鼠、黃金鼠的1日所需熱量是多少？

A 雖然各有基準，但是仍因依個體調整

目前這方面的專家意見尚有分歧，以我們的飼養經驗來說，黃金鼠大約40～45大卡、三線鼠＆一線鼠約20大卡、老公公鼠則約15大卡，但是年輕的老公公鼠活動量較大，所以必須再增多一些。

此外也必須依年齡與身體狀況（健康管理）調整上下限。

Q 飼養書中經常提到飼料餵食量是體重的8～10％，絕對要遵守這個數值嗎？

A 世界上沒有「絕對」的正解

實際情況依個體與性格而異，所以沒有「絕對」僅有「參考值」。有些鼠寶體型較大，有些則光憑自己的存糧就很飽足了，所以請時不時量個體重，依體重變化調整比例與餵食量。廚房電子秤便宜又方便，放在籠子旁時要秤體重與飼料量都很方便。

Q 餵食生蔬菜就好了嗎？還是煮過比較好？

A 葉菜類生吃，薯類要加熱後放涼

加熱會使維生素C等水溶性維生素消失，所以生吃比較營養。南瓜與番薯可以用微波爐加熱，但是請務必放涼至常溫。

餵食篇

Q 蔬菜從冰箱拿出來後就可以直接餵嗎？

A 請退冰至室溫

蔬菜太冰會使鼠寶體溫下降，進而引發腹瀉，所以請務必退冰至室溫之後再餵。

Q 聽說白蘿蔔葉很好，這是真的嗎？

A 營養價值很高，但是要避免過度餵食

這是真的。白蘿蔔葉的營養價值很高，也很合倉鼠的胃口，所以我家很常餵。但是白蘿蔔葉富含鈣質，過度餵食會引發結石，因此應避免一口氣給太多或是每天都餵。

Q 我家鼠寶最喜歡葵花籽與麵包蟲了，可以盡情餵到牠們高興嗎？

A 都是高熱量零食，建議適量

日本現在能夠飼養的倉鼠有5種（黃金鼠、一線鼠、三線鼠、老公公鼠、中國倉鼠），牠們都源自於糧食貧乏的地區，所以喜歡高熱量高脂肪的食物。但是人工飼養的倉鼠在正餐營養均衡的情況下，這類食物就必須相對克制，否則可能會變胖，或是不肯再吃主食的飼料與蔬菜。

Q 副菜可以選擇根莖類蔬菜嗎？

A 可以，但是盡量以葉菜類為主

可以！蘿蔔、番薯等當然都可以餵（牛蒡不行），但是根莖類的膳食纖維與醣質都很多，容易造成肥胖，所以還是應以高麗菜、小松菜等葉菜類為主。

Q 水可以直接放著就好嗎？

A 建議使用餵水器較衛生

用盤子裝水時，水容易被汙染，鼠寶也可能不小心跑進去，弄溼身體後就感冒了。所以比較推薦能夠隨時喝到新鮮水的餵水器，另外最好使用自來水且每24小時以內換一次。

Q 植物性蛋白質也可以嗎？

A 動物性、植物性都可以

倉鼠是雜食性動物，所以動物性、植物性均可，其中植物性蛋白質對內臟的負擔較少，像大豆、豆腐（無鹽）與青花菜也都含有蛋白質。

肥胖或過瘦篇

Q 為什麼只餵飼料
卻變胖了？

A 請另外搭配蔬菜

飼料是高營養價值的食品，但是只餵飼料
卻會變胖，所以請稍微減少飼料量並搭配葉
菜類。

Q 鼠寶變胖後，
飼料該怎麼調整呢？

A 從體重的 8％ 降到 6％

最理想的飼料餵食量是體重的8％，但是
老公公鼠體重超過30克、三線鼠與一線鼠超
過50克、黃金鼠超過120克時，則請調降至
6％，不足的部分改餵蔬菜（並非超過標準體
重就等於肥胖，這些數值僅供參考）。

nayamu
...

Q 我將兩隻同胎黃金鼠分籠養，但是卻有一隻特別胖。

A 依個體調整餵食量

我家也曾同時迎來兩隻鼠寶，並依個體狀況調整餵食量，像是易胖的孩子就增加蔬菜的比例等。每隻倉鼠的活動量都不同，所以請依個體狀況決定飲食吧。相反的，食量也會影響活動量，所以在鼠寶的成長過程中，必須經常視情況調整或多費點心思。

Q 鼠寶偏瘦，可以多餵一點飼料嗎？

我天生苗條

A 沒有生病的話就不必擔心

倉鼠基本上是食慾旺盛的動物，正常進食卻還是很瘦的話，請先帶去醫院檢查一下。

沒有生病的話就多餵點飼料吧。但是切記每天確認健康狀況時，都必須量體重做好管理。只要鼠寶不是明顯變瘦，也可能是天生體質所致。

Q 頰囊裡塞太多食物，結果食物在頰囊裡面爛掉了……

A 有可能罹患了頰囊相關疾病！

如果頰囊一直維持隆起的狀態，或是散發嚴重口臭，可能是頰囊塞住了或是頰囊膿瘍或頰囊瘤，所以請立刻帶去看醫生。香蕉等具黏性的食物很難從頰囊中取出，容易引發相關疾病，因此請避免餵食。

Q 鼠寶掉毛且被毛亂糟糟的，即使打掃環境也改善不了。

A 可能是過敏了

如果有在餵食容易上癮或是含毒性的水果，就請立刻停止。換掉底材（底材也有可能造成過敏），打掃後仍無效的話，就可能是生病了，此時請帶去醫院檢查。從營養層面來看，蛋白質、OMEGA脂肪酸、維生素A或E不足時，也會使被毛變得不漂亮。

如果有皮膚發紅或發癢、肥胖造成無法順利理毛等異狀，同樣應請獸醫檢查。看診時也應告知籠子環境與飲食內容，如果是過敏造成的，就會用類固醇藥物治療。

Q 聽說蜂花粉與巴西蘑菇 抗癌效果高？

A 相信有效的話就餵，但是不要過度期待

　　我家鼠寶的主治醫師認為：「根據經驗，這對上皮癌是有效的。」但是並無實質的科學證據，用在人類以外的效果仍是未知數。但是我們選擇相信，所以每天餵食生病的鼠寶蜂花粉，2歲以上的鼠寶則是每天1滴巴西蘑菇的萃取液。

BeePollen

Agaricus

Q 為什麼 我家鼠寶很愛喝水？

A 也可能是糖尿病造成的

　　實際情況依個體而異，有些倉鼠確實很愛喝水，但是如果是突然大量喝水、尿液散發甜味，以及排尿量異常增加（多喝多尿）等與平常不同的異狀，就有可能罹患了糖尿病，請帶去看醫生。我家也曾養過遺傳了第一型糖尿病的鼠寶，當時鼠寶確實很愛喝水。

Q 高麗菜苗也屬於高麗菜嗎？可以餵嗎？

A 內含對身體有害的物質

高麗菜苗與高麗菜同屬十字花科植物，且都含有甲狀腺腫素（Goitrogens）。但是高麗菜苗的含量是高麗菜的20倍，可能會對甲狀腺功能造成負面影響，真的要餵食時，也請視情況提供少量。

Q 聽說倉鼠不會對水果過敏，這是真的嗎？

A 倉鼠也會過敏喔

以水果為主食的動物，身體本身能夠排出或分解水果毒素，但是倉鼠的身體不具如此功能。

倉鼠無法像人類一樣透過血液判斷過敏原，所以很難確認牠們對哪種水果過敏。但是只要餵食特定水果就會皮膚發紅或發腫時，不要繼續餵食才是最保險的。

令人擔心的食物篇

94

Q 聽說可以餵食蘋果、
草莓與香瓜？

A 少量的話沒問題，但是請勿長時間餵食

當然可以少量餵食，但是持續餵食的話，會提高果糖造成肥胖的風險，且這些水果含水量高，很多倉鼠會因此腹瀉，請謹慎留意。此外不可餵食水果皮與種子，只能取成熟水果的果肉部分少量餵食。

Q 聽說很多水果對倉鼠來說有毒，
既然如此為何還要餵食水果？

A 鼠寶不肯吃其他食物時的王牌

光是飼料與蔬菜就可以攝取充足營養，所以不必刻意餵食水果。儘管如此還要餵食就是因為倉鼠喜歡吃，我家甚至有年紀大了什麼都不吃、只願意吃蘋果的鼠寶。因此請將水果想成是零食吧。

Q 餵食後才發現是危險食物，
但是沒有任何症狀……

A 沒有症狀也應送醫！

我們在家中完全無法替鼠寶治療，而且鼠寶一旦吃進肚子裡就沒辦法吐出來了，因此即使沒有症狀，也應立刻帶去醫院，找醫生確認清楚！

其他疑問篇

Q 可以餵食犬貓飼料嗎？

A 倉鼠就應餵倉鼠專用飼料

不可以。遇到天災等無法取得特定食物等緊急情況時，當然只能妥協，但是不同動物所需的營養比例不同，消化器官的構造也各異，一般情況請餵食倉鼠專用飼料。

Q 哪家廠牌的飼料比較好？

A 每家都很好

倉鼠也有自己的喜好，所以沒有一定的答案，只能多方餵食並觀察鼠寶喜好，不過這邊還是建議選擇不含人工色素或香料等添加物的有機飼料，近年各界都致力於飼料研究，因此市面上有很多優秀的商品，不必太過煩惱。

Q 上網查資料卻看到各種說法，眾說紛紜……

〇〇對倉鼠有毒……

〇〇很健康！

〇〇比△△更好！

A 詢問獸醫意見才是最安心的

網路上有很多錯誤資訊，判斷真偽則是飼主的責任，最安心的作法，就是找到可以信賴的野生動物（倉鼠等小動物）專科獸醫後直接詢問，另外也要經常從獸醫身上問到最新資訊。

Q 我該怎麼為地震等災害做好防災準備呢？

A 準備1週的存糧

我住在地震頻仍的關西地區，家中都會準備1週寶特瓶裝的軟水與飼料等，每個月都會確認製造日期和到期日，把舊的拿出來消耗掉再換上新的，以備不時之需。

1 week!

Food

Water

鼠友家的
萌萌鼠寶
寫真

Part2

Cute

好好吃～
我絕對不讓
給別人～！

*Awadama
Love* ♥

我家的倉鼠日常 **5**

DON

PERI

黃金鼠
（黑斑塊）

DON、PERI，
吃飯囉～

高麗菜絲

啊！　　啊！

喀嚓　　喀嚓

喀嚓喀嚓喀嚓喀嚓喀嚓

專心　　　　　專心

啾

呀！　　討厭～

被萌死的飼主

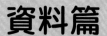
資料篇

倉鼠絕對不可以吃的食物

世界上有許多絕對不可以餵食給倉鼠的食物。當中有許多人類日常會吃的類型，請確實記下以下提到的名單，才能夠避免不小心誤餵。

鼠寶誤食有危險的食物時，請留意皮膚、眼睛與耳朵等處是否發癢或發紅，以及是否有嘔吐、腹瀉等症狀，有任何異狀時請儘早送醫。

從倉鼠的身體構造來看，牠們並不容易嘔吐，基本上沒辦法嘔出有毒食物。

可是，即使沒有表現出症狀，只要確定鼠寶有吃到這些東西，仍應帶去醫院檢查。「沒有刻意去餵，應該不要緊」、「很快就收起來了」像這些不具醫療專業的判斷可能會令倉鼠致命，所以請務必找可信賴的獸醫商量。

除了本篇列舉的項目之外，也應避免餵食其他容易塞在頰囊、具有沾黏性的食物，或是人類在吃的加工食品（包括餅乾、糕點等）。此外還有許多未知的危險食物，若是不放心的話，只要餵食高麗菜、蘿蔔、青花菜、番薯與南瓜等已知安全的食物即可。

蘆筍

含有破壞倉鼠紅血球的物質，會引發腹瀉或嘔吐。

酪梨

含有酪梨素（Persin）這種毒素，可能造成呼吸困難或是損害肝功能。

蔥類（韭菜、蔥、洋蔥、薤等）

含有破壞倉鼠紅血球的物質，會引發貧血、嘔吐、發燒、腹瀉、血尿、腎功能障礙等，很快就會喪命。

白蘿蔔

含異硫氰酸烯丙酯（allyl isothiocyanate，AITC），這種成分可能引發黏膜或胃部發炎，且酵素太多會造成消化不良、腹瀉等。

長蒴黃麻

種子與種子莢含有大量強烈的毒素羊角拗甾醇（Strophanthidin），可能會引發鬱血性心衰竭。

蕨菜

毒素噻胺酶（Thiaminase）可能導致倉鼠缺乏維生素B1。

竹筍

草酸過多且不好消化，不應餵食。

馬鈴薯

未成熟的馬鈴薯及馬鈴薯皮、芽、葉中含有強烈毒素茄鹼（solanine），會引發腹瀉或嘔吐，嚴重時甚至造成死亡。

牛蒡

含有大量的單寧，會對消化系統與內臟造成損害。

蓮藕

容易黏在頰囊上，且含有大量單寧，嚴重時可能致死。

絕對不可以吃的食物

大蒜

其毒性強得足以猝死。

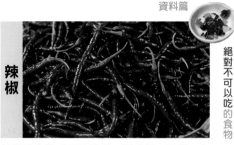

辣椒

辣椒素會造成口腔發炎、胃痙攣、恐慌、心肌梗塞等。

蘘荷

擁有與大蒜同樣強烈的毒性，不可以餵食。

銀杏

銀杏毒素（Ginkgotoxin）會造成中毒、痙攣、嘔吐、呼吸困難甚至是死亡。

菇類

會造成消化不良。

蜂蜜

內含的肉毒桿菌可能會造成中毒。

海苔等海藻

富含單寧，會對消化系統與內臟造成傷害。有時含鹽量也過高。

生蛋

抗生物素蛋白（Avidin）會引發皮膚炎或成長不良，但是可餵食少許水煮蛋的蛋白。

魚、軟體類動物

不好消化，會導致腹瀉或嘔吐。

蝦蟹

不好消化，且含有太多會分解維生素B1的硫胺素酶。

李子

扁桃苷（Amygdalin）可能會造成氰化物中毒，且含鉀量高可能會引發高血鉀症。

葡萄

皮與種子含有單寧，可能中毒致死。雖然原因尚未解明，但是也曾發生過急性腎衰竭致死的案例。

鳳梨

富含分解蛋白質的鳳梨酵素（Bromelain），會破壞胃部黏膜，造成消化不良或腹瀉。

柿子

富含單寧，可能中毒致死。

枇杷

桃類水果中含有中毒物質扁桃苷，會引發呼吸困難與心臟麻痺。

無花果

內含有無花果酵素（Ficain）、補骨脂素（Psoralen）等毒素，前者會分解蛋白質，可能造成口腔炎（口腔潰瘍）等。

栗子

富含單寧，可能中毒致死。

芒果

漆樹科植物，含有漆酚（urushiol）這種會造成過敏的成分。

薔薇科種子（枇杷、梅子、杏、蘋果、桃子、李子、櫻桃、梨子等）

未成熟的果實與種子含有扁桃苷這種毒素，會引發中毒。

橡實

富含單寧，可能中毒致死。

花生、開心果

可能含有會致癌的黃麴毒素。

巧克力

可可鹼中毒會造成嘔吐、心律不整、腹瀉、痙攣與亢奮，少量就會造成重症，死亡可能性很高。

口香糖與零食中含的木糖醇

會引起木糖醇中毒。胰島素產生的反應會導致虛脫、肝功能障礙、嘔吐、痙攣等，甚至在低血糖狀態下致死。

觀葉植物

大部分的觀葉植物都含有牽牛子甙、膽鹼、皂素、蟾蜍強心苷、氰化物、生物鹼、巴豆酯等眾多毒素。

飼主判斷**可餵食極少量**的食物

接下來要介紹少量餵食無妨的食物。

首先，水果一定要成熟才可以餵，因為愈是青澀的果實毒素就愈強。此外，不僅應極少量餵食，飼主也必須仔細觀察鼠寶的狀況，其中含水量高的水果更是必須留意，只要稍有異狀就應立刻停止。

番茄

未成熟的綠色部分、莖與葉子含有大量生物鹼，可能會引起中毒。

茄子

含有生物鹼，可能會引起中毒。

高麗菜苗

含有甲狀腺腫素，可能會對甲狀腺造成負面影響。

小黃瓜

含水量高會使體溫下降，進而引發腹瀉。

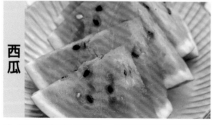

西瓜

含水量高會造成腹瀉，含鉀量高則可能引發高血鉀症，進而提高心律不整的風險。

菠菜、茼蒿

富含鈣與草酸，可能造成結石。

大豆

鎂含量高，可能引發尿石症。此外也可能引發消化不良，但是豆腐等加工過的大豆製品，只要選擇無鹽款即可少量餵食。

蘋果

必須完全成熟。未成熟的蘋果、種子都會使倉鼠中毒致死。

梨子

必須完全成熟。未成熟的梨子與種子有毒，且含水量過高。

奇異果

大量的奇異果蛋白酶（Actinidin）可能引發腹瀉，種子富含單寧可能中毒致死。

櫻桃、水蜜桃

種子與未成熟的果實含有毒素扁桃苷，會引發呼吸困難、嘔吐與痙攣。

柑橘類（蜜柑、柳橙類）

表皮與薄皮中的檸烯（limonene）會造成腹瀉。

木瓜

未成熟的果實含有大量單寧，完全成熟的黃色木瓜含量較少，所以少量餵食無妨。

堅果類（所有樹木果實）

富含脂肪，會造成肥胖，且難以消化也會導致腹瀉。

蔬菜基準營養成分表

※營養價值會隨著季節與當地土壤而異。(可食用部分每100g的含量)

		小松菜	青江菜	南瓜	胡蘿蔔	高麗菜	白蘿蔔葉	番薯	青花菜	芽類蔬菜
能量	熱量	14kcal	9kcal	49kcal	36kcal	23kcal	25kcal	134kcal	33kcal	12kcal
包括胺基酸	蛋白質	1.5g	0.7g	1.6g	0.8g	1.3g	2.2g	1.2g	4.3g	1.6g
水溶性、非水溶性	膳食纖維	1.9g	1.2g	2.8g	2.4g	1.8g	4g	2.8g	4.4g	1.7g
脂肪	飽和脂肪酸	0.02g	0.01g	0.01g	0.01g	0.02g	0.01g	0.01g	0.06g	0.12g
碳水化合物	相當於單醣量	0.3g	0.4g	0.01g	5.8g	3.5g	1.4g	4.4g	1.5g	2g
礦物質	鈉	15mg	32mg	1mg	34mg	5mg	48mg	11mg	20mg	7mg
	鉀	500mg	260mg	400mg	270mg	200mg	400mg	480mg	360mg	43mg
	鈣	170mg	100mg	20mg	26mg	43mg	260mg	36mg	38mg	14mg
	鎂	12mg	16mg	15mg	9mg	14mg	22mg	24mg	26mg	13mg
	鐵	2.8mg	1.1mg	0.5mg	0.2mg	0.3mg	3.1mg	0.6mg	1mg	0.5mg
	鋅	0.2mg	0.3mg	0.3mg	0.2mg	0.2mg	0.2mg	0.2mg	0.7mg	0.4mg
維生素	β-胡蘿蔔素	3100μg	2000μg	700μg	6700μg	49μg	3900μg	28μg	800μg	5μg
	維生素C	39mg	24mg	16mg	6mg	41mg	53mg	29mg	120mg	5mg
	維生素B1	0.09mg	0.03mg	0.07mg	0.07mg	0.04mg	0.09mg	0.11mg	0.14mg	0.07mg
	維生素B2	0.13mg	0.07mg	0.06mg	0.06mg	0.03mg	0.16mg	0.04mg	0.2mg	0.09mg
	維生素B3	1mg	0.3mg	0.6mg	0.7mg	0.2mg	0.5mg	0.8mg	0.8mg	0.2mg
	維生素B6	0.12mg	0.08mg	0.12mg	0.1mg	0.11mg	0.18mg	0.26mg	0.27mg	0.1mg
	葉酸	110μg	66μg	88μg	23μg	78μg	140μg	49μg	210μg	56μg
	廢棄率	15%	15%	9%	10%	15%	10%	9%	50%	25%
	膽固醇	0	0	0	0	0	0	0	0	0

後記

感謝各位讀完本書。

倉鼠的壽命短暫，為了盡力延長牠們的壽命，活得健康又舒適，我們努力思考該怎麼餵食，想得頭髮都要白了。希望本書能夠多少為各位茫然無措的飼主帶來幫助。不過，本書介紹的只是大方向，並不是非得照本宣科。

每隻倉鼠之間存在許多個體差異，所以本書提到的內容不見得適用所有的倉鼠。但是如果可以藉由本書了解平常可以從哪邊著手，我們將深感榮幸。

與倉鼠一起生活，最重要的就是凡事「及早發現、及早治療」。總覺得今天的鼠寶好像跟平常不太一樣時，立即去醫院看診才是最優先的應對辦法。

鼠寶生病後就得仰賴醫生，我們飼主完全無能為力。但是只要平常多加留意飲食，就能夠降低罹病的機率。

妻子樹美為了照顧這些小小的家人，考取了「家庭動物管理士」與「犬隻管理營養士」等執照。丈夫俊介則為這些小小家人考取了「賞玩動物救命士」。無論是哪一個證照，都能夠為這些小小家人派上用場。

照顧一條生命，最恐怖的就是「無知」，我們絕對不想因為不知道而失去這些重要的生命。只要能夠幫助這些小生命，

我們將不惜一切努力去汲取新知。

　　如果我們獲得的這些知識，能夠為許許多多的倉鼠與家人帶來幫助，我們會非常開心。

　　倉鼠會用比我們快上數倍的速度在生命中奔馳，且不懂得放棄生命。牠們總是使盡全力在生活。

　　身為牠們的家人，幫助牠們平穩度過每一天並過得充實是我們的責任。

　　鼠寶會用牠們短暫的一生，讓我們體會到生命的溫暖與重要性，和牠們一起生活也會獲得幸福、喜悅與療癒。鼠寶已經成為我們生命中不可或缺的夥伴。

　　我們由衷期盼本書能夠更加充實各位與寶相處的日子，哪怕只是將這樣的日子多延長一天也好。

這次同樣要謝謝MATES UNIVERSAL CONTENTS出版社的堀明延斗惠賜我們如此美好的機會，非常感謝您協助我們打造出這麼棒的書。

　　長年為我們家小朋友看診的yuzu動物醫院的小動物專科醫生——中西醫生，則負責了本書的醫療監修，在此打從心底致上謝意。

　　再來是散布本書各處的可愛倉鼠小朋友們！我們同樣打從心底感謝各位鼠友提供照片。

　　能夠在各界人士協助下完成本書，我們夫婦感到非常開心。

　　最後也想由衷感謝今天也為我們帶來笑容的鼠寶們。

　　　　山口俊介、樹美

【監修】山口俊介　山口樹美

現居於兵庫尼崎市，在意外下開始飼養倉鼠，現在已經形成由4隻倉鼠、20隻蜜袋鼯、1隻熊貓鼠組成的大家庭。為了盡可能為鼠寶打造舒適幸福的生活，一頭栽進倉鼠相關文獻的世界，結果成為最懂倉鼠的俊介（丈夫），以及為天使般的倉鼠記錄飼養生活的樹美（妻子），所經營的部落格「倉鼠&フクロモモンガ ママ奮鬥記」在Ameba Blog的「與珍稀寵物的生活」分類中持續名列前茅，於2018年10月受邀參演了TBS電視台的綜藝節目《マツコの知らない世界》，以「深愛倉鼠的夫婦」名號引起關注。妻子樹美為了進一步照顧倉鼠等小動物，也考取了家庭動物管理士的證照。

網址：https://ameblo.jp/kanan7777/
Twitter：https://twitter.com/kanan_ham_momo

【醫療監修】中西比呂子

兵庫縣出身，畢業於麻布大學獸醫學院獸醫系，於大阪府動物醫院服務3年後，2007年與丈夫一起在兵庫縣尼崎市開設動物醫院，成為野生動物（兔子、倉鼠、鳥類、雪貂、天竺鼠、鼯鼠、刺蝟、爬蟲類等）專科醫生至今。

■ 攝影協力：

うずまき、小黒真弓、大橋秀行、カナン、飼い主H、キズナママ、こまいち、宿野寿美子、凪、福。ま〜、mayuki、もちいい

■ 編輯・製作：有限会社イー・プランニング　■ 編集協力：石井栄子
■ 插畫：品玉ちなみ　■ DTP/內文設計：大野佳恵

TADASHIKU SHITTE OKITAI HAMSTER NO SHOKUJI TO EIYOU NAGAIKI SUPPORT BOOK
Copyright © eplanning, 2020.
All rights reserved.
Originally published in Japan by MATES universal contents Co., Ltd.,
Chinese (in traditional character only) translation rights arranged with
by MATES universal contents Co., Ltd., through CREEK & RIVER Co., Ltd.

倉鼠的飲食&營養指南

出　　　版／楓葉社文化事業有限公司
地　　　址／新北市板橋區信義路163巷3號10樓
郵 政 劃 撥／19907596　楓書坊文化出版社
網　　　址／www.maplebook.com.tw
電　　　話／02-2957-6096
傳　　　真／02-2957-6435
監　　　修／山口俊介、山口樹美
醫 療 監 修／中西比呂子
翻　　　譯／黃筱涵
責 任 編 輯／江婉瑄
內 文 排 版／楊亞容
校　　　對／邱鈺萱
港 澳 經 銷／泛華發行代理有限公司
定　　　價／320元
初 版 日 期／2022年4月

國家圖書館出版品預行編目資料

倉鼠的飲食&營養指南 / 山口俊介, 山口樹美
監修；黃筱涵翻譯. -- 初版. -- 新北市：楓葉社
文化事業有限公司, 2022.04　面；　公分
ISBN 978-986-370-390-7（平裝）

1. 鼠　2. 寵物飼養

389.63　　　　　　　　　　110021855